江苏省“十四五”农村水利规划丛书

江苏省“十四五”水土保持发展规划

JIANGSU SHENG SHISIWU
SHUITU BAOCHI FAZHAN GUIHUA

江苏省水利厅◎编著

河海大学出版社
HOHAI UNIVERSITY PRESS
·南京·

图书在版编目(CIP)数据

江苏省“十四五”水土保持发展规划 / 江苏省水利厅编著. -- 南京 : 河海大学出版社, 2021.6
(江苏省“十四五”农村水利规划丛书)
ISBN 978-7-5630-7077-0

Ⅰ. ①江… Ⅱ. ①江… Ⅲ. 水土保持一农业发展规划一江苏一2019—2025 Ⅳ. ①S157

中国版本图书馆 CIP 数据核字(2021)第 127588 号

书　　名　江苏省“十四五”水土保持发展规划
书　　号　ISBN 978-7-5630-7077-0
策划编辑　朱婵玲
责任编辑　沈　倩
特约校对　王春兰
装帧设计　徐娟娟
出版发行　河海大学出版社
地　　址　南京市西康路 1 号(邮编:210098)
电　　话　(025)83737852(总编室)　(025)83722833(营销部)
经　　销　江苏省新华发行集团有限公司
排　　版　南京布克文化发展有限公司
印　　刷　南京工大印务有限公司
开　　本　787 毫米×1092 毫米　1/16
印　　张　6
字　　数　105 千字
版　　次　2021 年 6 月第 1 版
印　　次　2021 年 6 月第 1 次印刷
定　　价　36.00 元

《江苏省“十四五”农村水利规划丛书》

编辑委员会

序

江苏地处我国东部，滨江临海，河湖众多，水系发达，是全国唯一拥有大江大河大湖大海的省份。全省平原面积占68.8%，丘陵山区占14.3%，河湖水域占16.9%，素有“水乡”之称。由于河湖众多，治理管理任务重、压力大，又因江、淮、沂、沭、泗诸河约200万平方公里客水过境入海，历史上一直是洪、涝、旱、渍、风、暴、潮灾害频发的多灾之邦，水多、水少、水脏、水浑问题一直伴随着江苏水利发展。

新中国成立以来，江苏开展了大规模的农村水利建设，从治理洪水入手，发展到治涝治旱、防渍降渍、节水灌溉、生态修复；从工程水利到资源水利、生态水利、智慧水利，江苏农村水利经历了从传统水利到现代水利的巨大转变。特别是“十三五”以来，江苏认真贯彻“节水优先、空间均衡、系统治理、两手发力”的新时期治水方针，通过实施农田水利基础设施提档升级，推进现代农业提质增效；坚持城乡供水一体化，提升农村居民饮水质量；综合整治农村水环境，启动生态河道建设，打造美丽宜居水美乡村；全面深化改革，激发内生动力，不断提升农村水利可持续发展能力和水平。全省农业抗灾能力、粮食生产能力、农村供水保障能力和水资源利用效率不断提升，为全省高水平全面建成小康社会，为建设美丽江苏、率先实现社会主义现代化走在前列奠定了坚实基础。

“十四五”时期是开启全面建设社会主义现代化国家新征程的第一个五年，也是全面推进乡村振兴战略、加快农业农村现代化的关键五年，对标高质量发展和水利现代化要求，全省各地农村水利发展不平衡不充分的情况依然存在，建设、改革、发展的任务依然繁重而艰巨。为认真贯彻落实习近平总书记对江苏工作的重要指示要求，深入贯彻党中央国务院及省委省政府决策部署，准确把握“强富美高”新江苏建设总体布局，为科学描绘农村水利现代化发展新蓝图，加快推进江苏农村水利高质量发展，更好地服务乡村振兴战略实施，促进农业农村现代化，江苏省水利厅在系统总结“十三五”全省农村水利建设、改革与发展以及深入分析新形势、新要求的基础上，组织编著了《江苏省“十四五”农村水利规划丛书》，形成“521”规划体系，即5个“十四五”发展专项规划、2个灌区建设中长期规划、1个灌区信息化方案，共8个分册：

《江苏省“十四五”大型灌区续建配套与现代化改造规划》

《江苏省“十四五”中型灌区续建配套与节水改造规划》

《江苏省“十四五”农村供水保障规划》

《江苏省“十四五”农村生态河道建设规划》

《江苏省“十四五”水土保持发展规划》

《江苏省大型灌区续建配套与现代化改造规划(2021—2035)》

《江苏省中型灌区续建配套与现代化改造规划(2021—2035)》

《江苏省智慧大中型灌区软件平台系统实施方案(2021—2023)》

上述规划均经江苏省水利厅审议通过，其中供水保障规划是按水利部统一部署编制的，与生态河道规划一道列入省经济社会发展“十四五”规划之136项专项规划体系。

为加快农村水利发展、服务和支撑乡村振兴，推动农村水利工作走向法治化，2020年，经充分调研、广泛协调，制定了全国第一部地方农村水利法规《江苏省农村水利条例》，并于2021年2月1日正式施行，为全省农村水利提供了坚实的法治保障。为落实好条例精神，经江苏省人民政府同意，江苏省水利、发改、财政、农业农村、自然资源、生态环境、住房建设等七个部门联合出台《关于切实加强农村水利建设与管护工作的意见》，其各项目标与建设任务，均由本丛书作支撑。

本丛书结合新形势、新要求、新规定，构建了与现代农业农村相适应，功能齐全、布局合理的工程保障体系，职责明确、服务到位的运行管护体系以及规范有效、务实管用的行业监管体系，不断提升农村水利服务农村经济社会发展和保障民生的能力，可作为“十四五”时期乃至2035年全省农村水利规划设计、工程建设、运行管理、改革发展的重要依据。

在此开启新征程、迈进“十四五”之际，谨以本丛书向中国共产党建党一百周年献礼！

在丛书编写过程中，主要参编单位江苏省水利厅农村水利与水土保持处、江苏省农村水利科技发展中心、江苏省水土保持生态环境监测总站等单位、部门领导及相关专家给予了关心和支持，河海大学出版社朱婵玲老师在丛书布局、质量把关和编撰进度等多方面给予悉心的指导和帮助，在此一并表示诚挚的感谢。

受作者水平所限，书中不妥或错误之处，敬请广大读者谅解并予以指正。

2021年3月20日

前言

党的十九大把生态文明建设摆在治国理政的重要位置、作为中华民族永续发展的根本大计，水土保持作为生态文明建设的重要内容，被纳入国家“五位一体”总体布局和“四个全面”战略布局。搞好水土保持、防治水土流失，是治水事业的一项根本性措施，也是一项紧迫而长期的战略任务。江苏经济发达，水土资源承载压力大、约束性强，公众对生态环境需求度高，水土流失对社会经济发展影响显著，及时组织编制《江苏省“十四五”水土保持发展规划》（以下简称《规划》），对于全面贯彻落实党中央国务院、省委省政府决策部署，更好地谋划未来五年全省水土保持工作有着重大而深远的意义。

依据《中华人民共和国水土保持法》《江苏省水土保持条例》，以《江苏省水土保持规划（2015—2030）》为基础，按照水利部水土保持“十四五”规划编制要求和江苏省“十四五”专项规划总体要求，江苏省水利厅于2019年底启动《规划》编制工作，在深入调查研究、广泛征求意见、反复论证咨询的基础上，编制完成本规划。《规划》客观总结评价了近年来江苏水土保持工作成效、存在的问题，阐述了面临的新形势和新要求，明确了未来五年江苏水土保持工作的指导思想、发展目标、总体布局及主要任务，围绕切实管住人为水土流失、持续推进综合防治的基本原则，确定了基础扎实、监管有力、治理有效、监测全面的工作重点，提出了规划实施的保障措施，为今后五年江苏水土保持工作改革发展提供了规划依据。

《规划》经批准后成为江苏省水土保持工作“十四五”发展的指导性文件，也是今后一段时期全省防治水土流失与合理利用、开发和保护水土资源的纲领性文件。对于提升水土资源承载力，推动乡村振兴战略实施，推进江苏生态文明建设和高质量发展走在全国前列具有重要作用。《规划》基准年为 2019 年，规划水平年为 2025 年，展望到 2035 年。

目录

附表

附图

后记

1

形勢分析

1.1 基本情况

江苏省介于东经 116°21′—121°56′、北纬 30°45′—35°08′之间，国土面积 10.72 万 km^2（占全国 1.12%）。地处东部沿海地区，长江、淮河下游，东濒黄海，北接山东，西连安徽，东南与上海、浙江接壤，是长江三角洲重要组成部分，属重大国家战略发展区域——长江经济带。

全省地势平坦，西北高、东南低，平原辽阔、河湖众多、水网密布、海陆相邻。主要地貌类型有平原(68.8%)、河湖水域(16.9%)、丘陵岗地(14.3%)，其中丘陵岗地包括淮北丘陵岗地、宁镇扬丘陵岗地、宜溧低山丘陵及太湖丘陵。耕地面积 6 894.2 万亩，沿海滩涂 1 031 万亩。

地处亚热带向暖温带过渡区，以淮河、苏北灌溉总渠一线为界，以北属暖温带湿润、半湿润季风气候，以南属亚热带湿润季风气候。多年平均降水量 800～1 100 mm，70%集中在 5—9 月。年均蒸发量 950～1 100 mm，多年平均气温 13.5～16.0 ℃。境内分属长江、淮河两大流域，沂沭泗、淮河、长江、太湖四大水系。

全省土壤类型多样，主要有棕壤土、褐土、潮土、滨海盐土、砂姜黑土、沼泽土、水稻土等类型。全省地带性植被为暖温带落叶阔叶林和北亚热带常绿阔叶林，多为人工林。

截至 2019 年末，全省设有 13 个设区市、96 个县(市、区)，常住人口 8 070 万人(居全国第 5 位)，人口密度 753 人/km^2(居全国各省之首)，实现地区生产总值 9.96 万亿元，人均 GDP 12.3 万元，一般公共预算收入 8 802.4 亿元，三大产业增加值比例为 4.3∶44.4∶51.3，新型城镇化建设进程加快，城镇化率达 70.61%。

全省水土流失类型以水力侵蚀为主，局部存在风力侵蚀和重力侵蚀。现有水土流失面积 2 261 km^2，占国土面积 2.11%。水力侵蚀分布在丘陵岗地，风力侵蚀分布在黄河故道沿线、沿江和沿海平原沙土区，局部河道存在重力侵蚀。

注：1. 本书计算数据或因四舍五入原则，存在微小数值偏差。

2. 本书所使用的市制面积单位“亩”，1 亩≈666.7 m^2。

专栏一　江苏水土流失成因

水土流失成因包括自然因素和人为活动。自然因素涉及气象、地形、土壤、植被等。江苏降雨量大而集中，暴雨强度高、历时短，地表径流大，为水土流失提供了动力条件。丘陵岗地区地形起伏、坡度较大，平原沙土区土壤结构松散、抗蚀能力弱，在降雨和风力作用下易发生水土流失。区域内经济发达，生产建设活动扰动强烈，人为水土流失问题突出。

“十三五”期间，全省大力开展水土流失治理综合防治工程、生态清洁小流域建设，全面推进水土保持监测监管，减少水土流失面积超过 1 100 km^2，人为水土流失防治得到显著加强。

1.2　发展现状

江苏水土保持工作积极践行习近平生态文明思想，贯彻落实省委省政府决策部署，严格遵循新时期治水思路，紧紧围绕水土保持中心任务，建立健全法律法规体系，着力强化监督管理，扎实开展水土流失综合治理，不断夯实工作基础，水土保持防治体系、监管体系和监测网络体系基本建成。

法规体系逐步完善。在 2014 年颁布实施的《江苏省水土保持条例》基础上，根据形势和发展要求，于 2017 年对该条例进行了修订；2014 年发布了省级水土流失重点治理区和水土流失重点预防区公告，组织编制并由省政府批准实施《江苏省水土保持规划(2015—2030)》，完成了《江苏省水土保持监测规划》《江苏省生态清洁小流域发展规划》等系列专项规划。

综合防治成效显著。统筹山水林田湖草系统治理，加快水土流失综合防治步伐。以丘陵岗地和平原沙土区为重点，大力实施保水保土工程、生态修复工程，因地制宜打造生态清洁小流域，水土流失现象得到明显遏制，生态环境得到显著改善。“十三五”期间，全省累计新增水土流失治理面积 885 km^2，实施国家水土保持重点工程 28 个，建成省级生态清洁小流域 64 个(至 2019 年末累计建成 113 个)；预防保护成效明显，全省重点预防规模达到了 2 866 km^2，国家水土保持重点预防区范围内的丰县、沛县完成预防保护面积 170 km^2。

专栏二 江苏小流域划分与生态清洁小流域分类

基于地理信息系统平台，以1∶10000地形图为基础数据，结合高分辨率遥感影像和行政区划图，全省划定了3 909个小流域(省域全覆盖)，其中平原区2 949个(首次划定)，丘陵区960个。构建了包括小流域名称、编码、类型、地形特征、面积、周长、经纬度、沟道密度等信息的小流域数据库，为精细化管理和水土流失综合治理奠定基础。

为进一步指导和推进全省生态清洁小流域建设，根据区域经济发展及水土保持建设需求，划分了水源保护型、绿色产业型、生态休闲型、和谐宜居型、防灾减灾型五种建设模式，并建立了不同类型建设指标体系。

监督管理不断强化。全面贯彻落实生产建设项目水土保持“三同时”制度，依法依规开展生产建设项目方案审批、跟踪检查及验收管理等工作。进一步下放省级审批权限，规范各地水土保持方案审查审批工作；建立方案审查省级专家库，加强水土保持方案编写质量控制；充分利用卫星遥感、无人机、移动终端等信息化手段强化事中事后监管，实现生产建设项目区域信息化监管全覆盖，及时发现水土保持违法违规项目，为监督管理提供依据；组织开展全省范围的生产建设项目水土保持监督检查，督促生产建设单位依据批复的水土保持方案，落实水土保持措施，加强水土流失监测，及时组织开展验收及报备工作；制定生产建设项目水土保持设施验收管理办法，加强水土保持设施自主验收后的备案和核查工作。

制度建设成果丰硕。全面落实目标责任考核，出台《江苏省水土保持目标责任考核办法(试行)》，建立水土保持规划实施情况考核工作联席会议制度，将水土保持各项工作纳入政府考核体系；规范水土保持补偿费征收使用管理，印发了《江苏省水土保持补偿费征收使用管理办法》。2018年，省物价局、财政厅印发《关于降低水土保持补偿费征收标准的通知》，进一步优化我省水土保持补偿费征收标准；加强生产建设项目水土保持设施验收，以规范性文件出台《江苏省生产建设项目水土保持设施验收管理办法》；规范水土保持重点工程建设管理，出台了《江苏省水土保持重点工程建设管理办法(试行)》；探索建立生态补偿机制，研究制定了江苏省水库水土保持生态补偿意见，指导各地对水库库区及其上游水土保持设施建设开展生态补偿。

专栏三　江苏省水土保持监测与管理信息系统工程

省发改委以苏发改投资发〔2017〕256号批复了《江苏省水土保持监测与管理信息系统初步设计报告》，投资2 932万元。现已建成16个水土保持监测站点和87个气象站，覆盖全省13个设区市和12个水土保持四级分区，水土保持监测站点涵盖坡面径流场、小流域控制站、综合观测场等多种类型，初步建成一个以地面降雨、径流、土壤含水率、泥沙等要素监测为基础，集水土保持信息采集、传输、处理为一体的水土保持监测与管理系统。完成全省小流域划分，建立水土保持数据库，开发了包括监测评价、监督管理和综合治理的应用系统和水土保持信息服务共享平台，基本实现了水土保持核心业务的信息化。

基础工作全面夯实。全面强化水土保持监测和信息化等基础工作，采用遥感监测、定位观测和调查等方法，实现动态监测全覆盖；健全水土保持监测站网系统，实施江苏省水土保持监测与管理信息系统工程建设，开展水土保持监测信息采集系统和应用系统建设，建成16个水土保持监测站点，初步建成全省水土保持监测网络，基本实现水土保持主体业务信息化目标，利用地理信息系统、卫星遥感影像、地形图、行政区划图等开展全省小流域划分工作，共划分小流域3 909个；开展水土保持重点工程信息化监管工作，对所有在建项目及年度完成竣工验收的水土保持重点工程项目实施信息化监管，实现"图版精细化"管理；发布水土保持监测年报，将全省水土流失面积、侵蚀类型、分布状况和流失程度对行业发布。

专栏四　《江苏省水土保持监测年报（2019）》

《江苏省水土保持监测年报（2019）》显示，2019年，全省水土流失面积2 261.01 km^2，占全省总面积的2.11%，水土流失强度以轻度侵蚀为主。建成17个生态清洁小流域，实施16个国家水土保持重点工程，开展16个定点监测站监测。强化事中事后监管，充分利用卫星遥感、无人机、移动终端等信息化手段，实现生产建设项目区域信息化监管全覆盖，对16 254个扰动图斑开展解译、合规性分析、现场复核。依据《江苏省水土保持目标责任制考核办法（试行）》，以联席会议方式对水土保持规划实施情况进行考核，将水土保持各项工作纳入政府考核体系。

宣传培训取得实效。开展多种形式的水土保持国策宣传教育活动，借力新闻媒体平台，先后多次在《新华日报》《江苏科技报》等主流媒体进行专版宣传，介绍了江苏水土保持工作，宣传小流域治理、生态清洁小流域建设以及监督管理取得的经验；结合“3.22”宣传活动，全省各地举办宣传纪念活动；《江苏省水土保持条例》实施前，组织召开座谈会，省人大、省政府主要领导出席会议；组织召开《江苏省水土保持公报(2018)》新闻通气会；持续推进宣传工作“进党校”，赣榆区作为全省列入全国唯一试点县，将水土保持课程纳入“青干班”培训内容；与高校合作开展复合型水土保持人才培训；积极组织宣传稿件、布设宣传标语，印刷水土保持法图解，分发全省各地，取得良好的宣传效果。

1.3 面临形势

习近平总书记高度重视美丽中国建设，反复强调坚持人与自然和谐共生，加快建设望得见山、看得见水、留得住乡愁的美丽中国，勾画的新江苏蓝图中，更是赋予了“环境美”的殷切期望。江苏省委十三届八次会议决定，把美丽江苏建设作为一项事关全局的重大战略。

1.3.1 以人民为中心、落实乡村振兴战略，迫切需要提升水土保持建设定位

中国特色社会主义进入新时代，我国社会主要矛盾已经转化为人民日益增长的美好生活需要和不平衡不充分的发展之间的矛盾。水土保持工作也应主动适应我国社会主要矛盾的变化，即坚持以人民为中心的发展理念，贯彻落实习近平生态文明思想，找准水土保持生态文明建设定位与切入点，最大限度地发挥水土保持的综合效益，创造更多、更优质的生态产品，为人民日益增长的生活需要提供可观赏的生态景观、可传承的生态文化、可教化的生态文明。

在乡村振兴战略规划中明确要求，牢固树立和践行“绿水青山就是金山银山”理念，坚持尊重自然、顺应自然、保护自然，加快转变生产生活方式，推动乡村生态振兴，建设生活环境整洁优美、生态系统稳定健康、人与自然和谐共生的生态宜居美丽乡村。水土保持是实施乡村振兴战略、建设生态宜居美丽乡村的重要内容，需要从乡村生态文明建设高度，提升水土保持标准，助推乡村振兴。

1.3.2 统筹山水林田湖草系统治理，迫切需要转变水土流失防治方式

山水林田湖草是一个生命共同体，人的命脉在田，田的命脉在水，水的命脉在山，山的命脉在土，土的命脉在树。水土保持工作不能仅局限于水土资源的保护利用，而是要统筹山水林田湖草系统治理。人与自然是生命共同体，必须坚持节约优先、保护优先、自然恢复为主的方针，统筹生产、生活、生态，统筹城乡协调发展，把生态清洁小流域建设与农村安全饮水、小流域整治、农村人居环境整治、农村基础设施建设、美丽乡村、幸福河湖、生态文明建设有机结合起来，同步整治沟道、河道、污水、垃圾、厕所和人居环境，同步建设美丽乡村与水土保持生态文明，统筹山水林田湖草系统治理，优化生态安全屏障体系，充分发挥生态清洁小流域建设综合效益。

1.3.3 贯彻水利发展新要求，迫切需要转变水土保持工作重心

江苏区域经济发达、生产建设活动扰动较大，人为造成的水土流失问题突出，保护和合理利用水土资源、改善生态环境，只能靠强有力的监管来实现。依靠法治体制机制来科学地保护和利用水土资源，强化制度落实，让制度成为刚性约束和不可触碰的高压线，加快完善水土保持相关政策标准，实行最严格的监管。实现水土保持管理智慧化、系统化、精细化，日益迫切需要达成水土保持信息化与智慧水土保持。水土保持工作应强化监督管理，切实管住人为水土流失。

1.3.4 推进江苏高质量发展走在前列，迫切需要水土资源支撑

省委省政府确定了"推动高质量发展走在前列"的目标定位与"六个高质量"的实践路径，明确了水土保持生态文明建设是"高质量发展走在前列"的重要内容，水土资源是"高质量发展走在前列"的重要基础支撑。同时，落实长三角一体化战略，依托长三角地区地缘相邻、河湖相连、人文相亲，画好一体化治水的"同心圆"，迫切需要结合江苏水乡特色，以水土保持生态文明建设为突破口与亮点工程，以安全为前提，以生态为基底，以美丽为形象，以幸福为目标，高起点谋划、高标准定位、高品质实施，打造水利现代化示范区，展现"河畅、水清、岸绿、景美"的治水愿景。

1.4 存在问题

1.4.1 综合治理标准、力度有待进一步提高，适应持续提升的生态文明建设要求及优质生态产品需求

全省水土流失综合治理主要为小流域综合治理模式。小流域综合治理是水土保持生态文明建设的重要手段，也是乡村振兴的重要内容。目前，全省生态清洁型小流域占比不足3%。近年来，我省虽不断加大生态清洁小流域财政奖补，但平均投入仍不足10万元/km^2；对照建设标准与生态文明建设要求，根据典型案例测算，建成生态清洁小流域所需投入应在100万元/km^2以上，目前的投入标准尚不足建设标准的一成。生态清洁小流域全面推进难度很大，投入规模远远不够，建设力度有待进一步加大，治理标准有待进一步提高。

1.4.2 水土保持监管力量有待进一步加强，适应社会经济持续发展的要求

水土保持人员力量配备不足与监管任务繁重的矛盾突出，人为水土流失监管任务繁重，全省土地开发强度接近或超过国际警戒线，生产建设项目及生产活动造成的水土流失面广量大，人为水土流失防治监管难度大、任务繁重。水土保持监管力量配备不足，尤其是平原区的市、县，队伍配备更加薄弱。水土保持机构尚不健全，人员队伍严重匮乏，技术力量较为薄弱，难以适应新形势下水土保持监督管理的新要求。当前强化人为水土流失监管为水土保持核心工作，突出问题是监管力量整体薄弱。无论是在政策制度、技术标准，还是在监管手段、查处力度上，都存在明显差距，一些市、县对强监管的重要性在思想认识上还不到位。生产建设项目监管缺位、不到位的问题较为普遍。监督管理体系、制度尚需完善，信用惩戒制度尚需进一步落实。必须正视并着力解决这些问题，及时转变思路，切实把工作重心转到监管上来。

1.4.3 水土保持监测能力及水土保持信息化水平有待进一步提升，适应加快发展智慧水土保持的要求

水土保持动态监测刚刚起步，技术标准体系尚未确立，人才队伍建设尚未形

成，遥感解译等专业人才队伍尚未建立。定点监测站网初步建立，尚需完善；监测设施设备运行维护、监测技术细则尚需完善。长系列监测成果尚未形成，对水土流失计算模型支撑作用尚需积累。遥感解译、判读等高新技术手段自主能力尚未建立。水土保持信息化初步建成，随着水土保持工作不断深入，信息化建设也需要不断强化。根据监管能力现代化建设新需求，应升级改造信息化平台功能，扩大硬件存储容量，增强目标考核、视频监控、预测预报、数据共享分析、在线监管等“智慧水保”综合体系信息化建设。

2

目标与任务

2.1 指导思想

坚持以习近平新时代中国特色社会主义思想为指导，贯彻中央关于生态文明建设的重大决策部署，践行新时期治水方针。以人为水土流失监管为核心，以生态河道、生态灌区、生态清洁小流域建设为抓手，以提升监测能力为重点，以信息化建设为平台，以制度建设为保障，实现山水林田湖草系统治理，促进水土保持与生态文旅休闲产业融合发展，助力美丽江苏建设与乡村振兴发展。

2.2 基本原则

2.2.1 坚持预防为主，保护优先

以水土流失预防为主线，坚持生态优先、绿色发展，把预防性监管、看住人为水土流失作为首要任务，通过严格有效的监管调整人的行为、纠正人的错误，把经济活动限定在资源环境可承受范围内，为高质量发展提供资源环境支撑。

2.2.2 坚持因地制宜，分类施策

江苏四大丘陵山区、三大平原沙土区，自然水土流失地域特征明显，应坚持因地制宜，分类施策，探索适宜当地的水土保持生态文明建设模式，巩固与扩大生态清洁小流域治理成效，推动水土保持生态文明建设再上新台阶。

2.2.3 坚持问题导向，目标引领

江苏是经济大省，土地开发强度高，建设项目数量多、规模大，导致人为水土流失问题是江苏当前面临的重要环境问题。坚持水土保持问题导向，坚持水土保持生态文明建设目标与高质量绿色发展目标引领，立足大保护，强化监管，补充短板。

2.2.4 坚持政府主导，高位推动

按照法律要求，切实强化政府的主体责任，在规划制定、政策保障、资金投入、联合执法等方面充分发挥政府的主体职能，逐级压实责任。统筹协调相关部门的

职能作用，实施部门联动协作机制，构建起“党委政府高位推动、部门齐抓共管”的立体监管网络，共同推进江苏水土保持事业协调发展。

2.3 总体目标

建成与江苏高质量发展相适应的水土流失综合防治体系，全面预防保护、综合治理，实现水土保持与美丽江苏、乡村振兴建设深度融合；建成与江苏高开发强度相适应的水土保持综合监管体系，强化考核评估，实施“两单”制度，人为水土流失得到有效控制；建成与江苏水土保持分区相适应的水土保持监测网络体系，实现站点监测自动化、四级分区全覆盖；建成与江苏智慧水利相适应的水土保持信息化基础支撑体系，全面实现信息化在治理、监管、监测体系中的应用。

到 2025 年，全省水土保持率达到 95%以上；重点区域防治达到“82165”的目标，即新建生态清洁小流域 80 个(总数达到 210 个)，新增预防面积 2 000 km^2，新增综合治理面积 1 000 km^2，减少水土流失面积 600 km^2，新建水土保持科技示范园 5 个(总计达到 8 个)；水土保持监测实现全域 19 个水土保持防治四级分区全覆盖，新建水土保持定点监测站点 7 个，提升改造 16 个，新增林下盖度监测站点 48 个，新增专用实验监测站点 7 个。

到 2035 年，重点防治地区水土流失得到全面治理，人为水土流失得到全面控制，水土流失面积和强度大幅下降，水土流失治理质量和效益明显提升，水土保持治理体系和治理能力现代化基本实现，为美丽江苏建成提供有力支撑。

2.4 总体布局

面对区域高强度开发实际，坚持绿色发展，全面厘清水土保持工作总体思路，结合形势分析与存在问题，提出“一核两区三网四廊”的水土保持总体战略布局。

一核是以强化人为水土流失监管为核心，完善政策机制，严格督查问责，充分运用科技手段，全面履行法定职责，着力提升管理效能。

两区是以丘陵岗地区、平原沙土区为水土流失重点治理区，做好生态清洁小流域、平原沙土区防治，宕口治理，水美乡村建设工作。

三网是以构建水土流失防治网、完善水土保持监测网、集成水土保持信息网为重点，实现水土保持精准化和覆盖全域的网格化管理。

四廊是建设沿江、沿河、沿湖（库）、沿海生态廊道。重点打造长江沿岸绿色生态带、沿黄海生态风光带、京杭运河文化生态带、黄河故道生态带以及环太湖、洪泽湖、骆马湖等沿湖生态保护带，形成各具特色、各展所长、各现其美的美丽江苏区域空间格局。

2.5 主要任务

水土保持监管方面，通过水土保持监管体系建设，充实监管人才队伍，提升监管平台信息化水平，落实人为水土流失全过程常态化监管、自然水土流失治理全过程实时化监管、市场主体制度化督查与履职制度化监管。

水土保持防治方面，推进生态清洁小流域、生态河道与生态灌区建设，全面划定25°以上陡坡禁止开垦耕地区域并公告，加强开展坡耕地改造、宕口治理、林草防护，有效减少全省水土流失面积。

水土保持监测方面，优化监测站点布设，新建、改造监测站点，加密遥感监测监管频次，健全监测制度体系，实现动态监测常态化、全覆盖。

水土保持信息化方面，开展全省水土保持信息化系统升级、功能拓展、硬件存储空间扩容、软件升级维护，加快实现智慧水土保持，满足水土保持现代化治理体系与高水准管理能力建设需要。

总体上，全省水土保持工作在“十四五”期间，实现由水土流失防治为主向水土保持监管为工作核心转变、由水土流失综合治理向美丽江苏建设转变、由水土保持重点区域管理向覆盖全域转变。

3

水土保持监管

立足于全省江河湖海水土资源、水土生态、水土环境保护，坚持问题导向，以强化人为水土流失监管为核心，以完善政策机制为重点，以严格督查问责为抓手，充分运用科技手段，全面履行法定职责，着力提升管理效能，构筑基础扎实、系统完备、协同高效的水土保持监管网络。

3.1 主要目标

以健全制度建设和强化制度执行为主线，构建系统全面、务实高效的监管制度体系，以目标责任考核和部门履职督查为抓手，健全权责明晰、协同发力的责任落实体系，以信息化应用和科技创新为引领，建立基础扎实、创新引领为核心的基础保障体系，切实管住人为水土流失，推动水土保持监管全覆盖、制度化、常态化，实现全省域覆盖、全过程监管、全要素督查，推动江苏水土保持监管工作高质量发展，走在全国前列。

3.2 主要任务

3.2.1 完善水土保持监管制度体系

适应当前形势要求，结合江苏工作实际，健全水土保持监管制度体系。以落实生产建设项目水土保持监管为核心目标，研究制定水土保持监督管理办法，施行告知承诺、区域评估、信用监管、三色管理等制度，做好各项制度“立改废释”，用严密的制度体系来保障最严格的监管。进一步规范水土保持方案审批、补偿费征收使用、跟踪检查、监管监测、验收报备等工作。

3.2.2 开展区域生产建设项目水土保持信息化监管

充分依靠卫星遥感、无人机、移动终端、监管平台等技术手段，在全省范围内开展人为水土流失遥感监管，通过扰动图斑解译，组织开展现场复核，科学判别图斑属性，加强各方沟通协作，及时精准发现违法行为，依法进行查处，起到查处一批、震慑一片的作用。在水利部组织开展的区域生产建设项目遥感监管基础上，省级加密频次，实现卫星遥感监管常态化，让违法违规行为无处遁形。

3.2.3 强化生产建设项目全过程监管

落实水土保持法律法规要求，规范生产建设项目水土保持方案审查审批流程。加强事中事后监管，采取现场检查、书面检查、“互联网+”监管等多种方式，规范开展生产建设项目监督检查，实现在建项目监督检查全覆盖。规范生产建设项目水土保持补偿费征收使用管理，提高水土保持补偿费实收率及使用率。及时开展部门联动和信息交换，实现资源共享，严肃开展违法违规行为查处。强化生产建设项目水土保持监测管理，全面推行水土保持监测成果“红黄绿”三色管理制度，明确监管重点。规范生产建设项目水土保持设施自主验收及报备管理，逐步规范项目验收核查流程。

3.2.4 加强水土保持目标责任考核

以水土保持规划实施情况考核评估和水土保持目标责任考核为抓手，逐步完善省、市、县三级水土保持目标责任考核制度，进一步压实水土保持人民政府主体责任。建立全省上下协同、部门联动、社会参与的水土保持全行业监督考核体系，进一步明晰职责、落实责任，每年组织开展考核评估，公布考核结果，强化结果应用，切实发挥考核指挥棒、风向标、助推器作用，倒逼相关部门夯实责任、突出重点，对水土保持市场主体严格要求并实现自我提升。

3.2.5 实施水土保持市场主体监管

建立信用监管制度，以信誉监管为手段，对生产建设单位、方案编制单位、设计单位、施工单位、监理单位、监测单位、验收报告编制单位等水土保持市场主体实施信用监管“两单”制度，发布信用信息，实现全方位有效监督。对水土保持违法失信行为实行联合惩戒。加强对行业协会的指导，强化行业协会对水土保持技术服务单位方案编制、监测、验收报告编制等的指导和管理。

3.2.6 提升水土保持监管服务能力

开展各级水行政主管部门履职情况督查，依规开展责任追究。深化“放管服”改革，优化审批方式，压缩审批时限，推进信息公开共享。健全水土保持专家库管理制度，规范水土保持审查审批，提高审查效率和质量。推行开发区水土保持区域评估，简化审批流程，改善营商环境。稳步推进承诺制管理，通过加强事中监管监测，督促生产建设单位落实水土流失防治责任。强化人员队伍建设，采用政府购买服务方式，提升行政管理能力。

3.3 监管重点

3.3.1 水土保持信息化监管

采用遥感监测、现场调查等方法，利用高分辨率遥感影像、无人机等先进科技手段，开展生产建设项目、水土保持重点工程及区域生产建设活动全过程、全区域水土保持监管。全省每年至少开展3次区域生产建设项目水土保持遥感监管，对取、弃土(渣)场，尾矿库等敏感区域实行重点监管。加快图斑解译速度，加大现场核查力度，建立图斑核查台账，拟定违法违规项目清单，及时开展项目查处。完善生产建设项目水土保持监管信息化应用，充分利用“互联网＋”等信息化手段，提高遥感监管精准度和时效性。

3.3.2 水土保持监管能力建设

积极推进各级水土保持监督管理机构和队伍能力建设，在省、市、县三级监管基础上，实现水土保持监管机构、管理人员、工作经费、技术支撑与执法队伍“五个到位”。定期开展水土保持监督管理和执法能力培训，提高一线水土保持工作人员的业务能力和依法行政水平，打造一支精通业务、监管有力的监管队伍。研究制定监管能力标准化建设方案，严格按照方案推进监管能力建设，切实提高监督执法的质量和效率。

3.3.3 水土保持信用监管

按照生产建设项目市场主体“两单制”监管要求，建立生产建设项目水土保持信用管理办法，构建生产建设项目水土保持信用管理平台，对生产建设单位、方案编制单位、验收报告编制单位、监测单位、监理单位、设计单位、施工单位等存在违法违规行为的，要视情节列入水土保持信用监管重点关注名单或者失信黑名单，并在水利行业、省级信用信息平台发布，对水土保持违法失信行为实行联合惩戒和社会监督，让守信者处处便利，失信者寸步难行。

3.3.4 生产建设项目违法违规行为查处

建立水土保持监督检查与行政执法的联动协作机制，按照法定职责，明确水土保持部门、水行政执法部门和跨部门综合执法机构的责任分工，加强协作、密切配合，确保违法违规行为得到及时有效查处。根据遥感监管“双随机、一公开”，跟踪检查，验收核查以及其他线索获取的生产建设项目违法违规行为，严肃开展执法查处。通过公开通报、曝光一批典型案件等方式，形成强大震慑，树立水土保持社会管理的权威，督促生产建设单位依法履行水土流失防治主体责任。

3.3.5 水土保持考核评估

积极开展年度全国水土保持规划实施情况考核评估自评价工作，定期报告规划年度实施进展情况。围绕水土保持中心工作，完善省级水土保持目标考核指标体系，全面开展对设区市人民政府的水土保持目标责任考核，市级同步开展对县级人民政府的水土保持目标责任考核。全面履行水土保持行业职责，制定水土保持权责清单，明确审批、监督检查、行政执法等权责事项和履职方式，规范各相关部门落实水土保持监管责任。

4

水土流失防治

按照山水林田湖草系统治理思想，坚持“预防为主、保护优先”原则，以小流域为单元，以 4 个丘陵山区、3 个平原沙土区、4 个生态廊道为重点，分区分类配置治理措施；完善水土流失预防保护体系；开展坡耕地改造、宕口治理、林草防护，推进生态河道、生态灌区和生态清洁小流域建设。改善生态环境，建设“江南水乡”特色美丽江苏，展现江苏美丽宜居城市独特风貌的生态空间。

坚持沿江、沿河、沿湖、沿海“四沿”联动，建设生态走廊，形成各具特色、各展所长、各现其美的“四廊”美丽江苏区域空间格局。沿江地区建设高质量发展的绿色生态带。沿海地区加强自然岸线、滩涂湿地等生态资源保护修复，打造生态风光带。沿大运河地区突出文化为魂和生态优先，建设高品位、高颜值、高水平的生态长廊，打造中国大运河最美丽的“江苏名片”。沿太湖地区深化全流域系统治理，大力推进太湖生态清淤、湿地建设，建设世界级生态湖区。沿黄河故道地区推进生态保护，打造千里生态富民廊道和现代农业基地。沿洪泽湖、高邮湖、微山湖、骆马湖等地区筑牢生态安全屏障，协同推进淮河生态经济带建设，构筑支撑江苏可持续发展的绿色地带。

4.1 主要目标

预防保护目标：初步划定并公告 25°以上陡坡耕地禁止开垦区，实施禁止开垦区、封禁区、生态恢复区、生态保育区、水源保护区、水库集水区水土流失预防保护。完成全部省市、县级水土保持规划的编制与报批，生产建设项目或活动等人为水土流失得到有效防控。

规划期内，全省新增水土流失预防保护面积 2 000 km^2，年均新增 400 km^2。

综合治理目标：治理区水土流失得到全面治理，生产条件和生态环境明显改善，实现水土保持管理全域网格化，稳步推进美丽江苏建设。

规划期末，全省新增水土流失综合治理面积 1 000 km^2，年均新增 200 km^2；新建生态清洁小流域 80 个，年均新增 16 个；全省减少水土流失面积 600 km^2。

4.2 主要任务

4.2.1 完善水土流失预防保护体系

落实《江苏省水土保持条例》，划定并依法公告陡坡耕地禁止开垦区。督促禁垦区退耕还林还草，优先发展生态公益林；采取等高条垦、鱼鳞坑等措施，科学整地，合理种植经济林。完善预防保护制度，规范管理，实施禁止开垦区、封禁区、生态恢复区、生态保育区、水源保护区、水库集水区水土流失预防保护。重点打造沿江、沿河、沿湖、沿海四个生态廊道。

强化规划管理，督促各市、县级完成水土保持规划编制与报批；逐步推进市、县级定期公报水土保持情况；有效防控生产建设项目或活动中的人为水土流失现象。规划期间，在丘陵山区和平原沙土区分别新增水土流失预防保护措施，其中以省级重点预防区水土流失预防保护为主，同时对易发区部分区域进行预防保护。水土流失预防保护任务分解详见表 4-1、4-2。

表 4-1 全省丘陵山区与平原沙土区新增预防保护任务分解表 单位：km^2

设区市	丘陵山区	平原沙土区	合计
南京	161.21	/	161.21
无锡	106.31	/	106.31
徐州	70.94	161.13	232.07
常州	150.04	/	150.04
苏州	72.91	/	72.91
南通	/	126.98	126.98
连云港	86.80	/	86.80
淮安	151.65	201.28	352.93
盐城	/	341.93	341.93
扬州	63.78	12.38	76.16
镇江	17.44	/	17.44
泰州	/	59.53	59.53
宿迁	118.92	96.77	215.69
全省总计	1 000.00	1 000.00	2 000.00

表 4-2 全省重点预防区与易发区新增预防保护任务分解表 单位：km^2

设区市	重点预防区	易发区	合计
南京	146.55	14.66	161.21
无锡	45.84	60.47	106.31
徐州	212.92	19.15	232.07
常州	137.24	12.80	150.04
苏州	60.75	12.16	72.91
南通	120.18	6.80	126.98
连云港	75.26	11.54	86.80
淮安	331.17	21.76	352.93
盐城	327.58	14.35	341.93
扬州	33.52	42.64	76.16
镇江	14.53	2.91	17.44
泰州	56.71	2.82	59.53
宿迁	173.14	42.55	215.69
全省总计	1 735.39	264.61	2 000.00

4.2.2 综合治理重点区域水土流失

采用坡改梯、坡面水系配套等措施，实施坡耕地改造工程，增加坡地经济林、坡地茶园水土流失综合治理。在河流源头和重要水源地保护区、省级重点治理区和重点预防区以及其他重点区域，采取水土流失防治、水源涵养、面源污染防治、村庄整治、美丽宜居乡村建设等措施，建设生态清洁小流域。规划期内，丘陵山区和平原沙土区分别新增水土流失综合治理面积 500 km^2；按区域分，省级重点治理区和重点预防区分别新增水土流失综合治理面积约 400 km^2 和 600 km^2。水土流失综合治理任务分解详见表 4-3、表 4-4。新建生态清洁小流域目标任务分解详见表 4-5。

表 4-3　全省丘陵山区与平原沙土区新增综合治理任务分解表　单位：km²

设区市	丘陵山区	平原沙土区	合计
南京	107.69	/	107.69
无锡	21.70	/	21.70
徐州	80.72	52.37	133.09
常州	31.55	/	31.55
苏州	2.98	/	2.98
南通	/	59.29	59.29
连云港	75.55	/	75.55
淮安	55.43	31.21	86.64
盐城	/	277.99	277.99
扬州	22.34	6.16	28.50
镇江	43.51	/	43.51
泰州	/	32.91	32.91
宿迁	58.53	40.07	98.60
全省总计	500.00	500.00	1 000.00

表 4-4　全省重点治理区与重点预防区新增综合治理任务分解表　单位：km²

设区市	重点预防区	重点治理区	合计
南京	16.32	91.37	107.69
无锡	17.89	3.81	21.70
徐州	76.62	56.46	133.08
常州	23.83	7.73	31.56
苏州	2.98	/	2.98
南通	59.29	/	59.29
连云港	5.85	69.70	75.55
淮安	34.25	52.39	86.64
盐城	277.99	/	277.99
扬州	9.69	18.81	28.50
镇江	4.76	38.75	43.51
泰州	32.91	/	32.91
宿迁	43.64	54.96	98.60
全省总计	606.02	393.98	1 000.00

表 4-5 全省新建生态清洁小流域目标任务分解表 单位:个

设区市	“十四五”新增	至“十四五”期末累计
南京	8	44
无锡	7	18
徐州	8	20
常州	7	15
苏州	7	9
南通	5	10
连云港	7	13
淮安	6	13
盐城	5	15
扬州	5	16
镇江	5	21
泰州	5	11
宿迁	5	5
全省合计	80	210

4.2.3 宕口治理、林草防护、生态河道和生态灌区专项治理

协调相关部门，统筹安排，加大力度，形成合力，协同推进宕口治理、林草防护、生态河道与生态灌区等水土保持专项治理。推进林地、绿地、湿地同建，构筑绿色生态屏障。突出抓好长江两岸造林绿化、沿海防护林体系和农田防护林体系建设，充分挖掘城镇、村庄、社区、庭院等绿化潜力，持续提高水土保持率。强化江河湖泊湿地、滨海湿地保护和修复。

规划期末，全省重点区域适宜治理宕口，全部治理；宜绿化区域，全部恢复植被。大力推进生态河道与生态灌区建设，全面落实水土保持措施，全省新增林草防护面积 100 万亩，自然湿地保护率提高到 60%。

4.3 重点项目

4.3.1 水土保持重点工程

按照国家和江苏省水土保持规划，以小流域为单元，以治理水土流失、改善农业生产条件和生态环境为目标，人工治理与生态自我修复相结合，以中央与地方各级政府水土保持专项资金投入为主，实施“山水林田湖草”综合防治，推进水土保持重点工程建设。

平原沙土区实行沟、河、堤、田、林、路、草系统治理。重点实施林草防护和沟道防护。其中，林草防护主要包括经济林、水土保持林、水土保持种草以及封禁治理等措施，重点开展河、沟、堤坡的水土保持林草护坡工程，建设农田防护林体系；沟道防护包括沟头防护、疏溪固堤，重点控制沟头侵蚀，河、沟、堤的工程加固护坡和水系疏通，改善水源水质，控制面源污染，以防治沙土区水蚀。

丘陵山区实行山、水、田、林、路、草综合治理。实施林草防护、坡面工程防护、和沟道防护。林草防护包括水源涵养林、水土保持林、水土保持种草以及封禁治理等措施，陡坡地发展经济林、水土保持林，大中型水库区周边、水源涵养林区、生态公益林区等封山育林育草；坡面工程防护包括保土耕作、修筑水平梯田、截(排)水沟、蓄水池、沉沙池、田间道路等措施，对 25°以下坡地经济林、坡地茶园因地制宜地采取修筑梯田和保土耕作措施，缓坡地基本农田改造建设，配套相应的截(排)水沟、蓄水池、沉沙池、田间道路等小型水保工程；沟道防护主要包括塘堰整治、沟头防护、拦水坝治理、疏溪固堤等，减少沟道水土侵蚀，增加蓄水。

4.3.2 生态清洁小流域建设工程

充分考虑江苏“江南水乡”地域特点，按照生态清洁小流域建设标准，结合水美乡村与水利风景区建设，分类指导、典型带动，实施生态清洁小流域建设。

在平原沙土区，以生态河道建设为骨干，以生态河湖治理为基础，以调控地表径流、涵养地下水为重点，加强生态修复、水源涵养、村庄环境整治，采取集蓄利用、径流排导、水系沟通等措施，控制泥沙和面源污染物进入河道和管网，有效改善当地水土生态环境和人居环境。

在丘陵山区，以小流域综合治理为目标，整合农业、林业、国土等多部门项目，吸引社会资本投入，同步治理污水、垃圾、厕所、沟道和面源污染。

4.3.3 宕口治理、林草防护、生态河道和生态灌区专项治理工程

协调相关部门，在重点区域，编制专项整治规划，并按相关技术标准，安排专项资金，实施宕口治理、林草防护、生态河道、生态灌区专项治理工程。

宕口治理中，在区位条件好，自然景观和人文景观密集的区域，或人口集中居住区，有较大开发利用价值的宕口，开发建设生态公园；废弃宕口，宜农造田，宜渔开塘，宜林植树，宜牧养殖，宜工建厂，采用循环经济模式治理；经济利用价值不大的宕口，采用喷播、覆土绿化等措施，实行科学复绿；无保留价值，存在灾害隐患的残留山体，可采取削平陡立宕口，平整场地等措施，进行生态开发建设。

林草防护，在山区、丘陵区，通过封山育林和低效林改造等，进行林区生态修复。土层较厚、坡度较缓的地块，采取补植造林和林分改造等措施，恢复植被。土层浅薄或坡度较陡的地块，采用整地措施（设置水平阶、水平沟，挖鱼鳞坑、大型果树坑等），营造水土保持林、水源涵养林，发展经济林果。

专栏五　生态河道建设

依据《江苏省“十四五”农村生态河道建设规划》，通过河道疏浚、水系连通、岸坡整治、长效管护等措施，突出水生态修复，采取植物措施构建河岸带缓冲区，宜林地段建设沿岸防护林，优选具有净化水体作用的水生植物、低杆植物，提高河道自净功能，改善水质，修复水生态，彰显水文化，实现“水流通畅、水体清澈、岸坡绿化、景色优美”的建设目标。

“十四五”期间，全省建设 7 425 条生态河道，其中县级河道 756 条，乡级河道 6 669 条。在生态河道生态修复方面，计划投资 31.94 亿元，确保县乡级生态河道占县乡河道总数比例达到 40%以上。

生态河道建设，采取河道疏浚、畅通引排、岸坡整治、生态修复、长效管护等措施，疏通水系，扩大蓄水能力，改善水源水质，美化岸坡景观，建设生态健康优美水环境。以安全治理为主要目标的河道，进行堤岸生态治理工程，实施沟道防治和植物护坡；以生态旅游为主要目标的河道，营造植被保育与景观林草，整治水环境，构建休闲游憩生态景观；以削减农村面源污染为主要目标的河道，采用“渗、滞、蓄、

净、用、排”措施，削减面源污染，提升景观，形成河流海绵体；以侵蚀控制为主要目标的河道，建立土壤侵蚀控制与生态安全技术体系，常水位以下栽挺水植物，常水位以上河沟坡栽植物，建立立体防护林。

生态灌区建设，加大灌区“库、塘、渠、沟”保护和监管力度，实施水生态保护和修复工程，维持灌区自然生态功能，形成各种自然要素相互依存，改善灌区水生态环境。以提高生态用水保证率为主要目标的灌区，对灌区灌排骨干渠系进行防渗衬砌，提高灌溉水有效利用系数；以提高生态渠系建设比例为主要目标的灌区，综合整治灌排河道，疏通水系，绿化岸坡，美化环境，防止岸坡水土流失，建设生态河道；以提高高标准农田建设比例为主要目标的灌区，统筹农业农村部门，提高灌区田间工程高标准农田配套比例。加大土地平整、土壤改良、灌排设施和农田防护林建设以及田间道路整修力度，完善农田防护与生态环境保持体系，大力发展生态、绿化农业，控制和减少农业面源污染。

专栏六　生态灌区建设

依据《江苏省“十四五”大型灌区续建配套与现代化改造规划》《江苏省“十四五”中型灌区续建配套与节水改造规划》，立足现有灌溉、防洪、排涝体系，优化灌溉用水布局，围绕“设施完善、节水高效、管理科学、生态健康”的总体目标，突出人水和谐发展理念，以山水林田湖是一个生命共同体的思想为指导，以干渠水文边界为单元，强化整体保护、系统修复、综合治理；完善水利基础设施体系，补齐现代化灌溉排水工程系统短板，建设“节水高效、设施完善、管理科学、生态良好”的现代化灌区。

“十四五”期间，全省建设大型灌区 8 处、设计灌溉面积 520.22 万亩；中型灌区 75 处、设计灌溉面积 845.72 万亩。生态灌区建设总投资 157.97 亿元。

5

水土保持监测

开展江苏省水土保持监测站点优化布局、水土流失动态监测，加强生产建设项目水土保持监测管理，强化监测数据整编与挖掘应用，提高监测能力，建成完善的全省水土保持监测体系，提高水土保持监测的基础技术支撑能力，充分发挥水土保持监测在政府决策、经济社会发展和公众服务中的作用。

5.1 主要目标

优化水土保持监测站点布局，逐步完成监测自动化改造，建成全面覆盖、功能完备的监测站网体系；实现全省、重点或特定区域水土流失动态监测监管全覆盖，并定期公告。强化生产建设项目或活动水土保持监测管理，实现监测全覆盖，提高监测对监管的服务支撑能力。提高水土保持监测能力，加强自主监测能力建设，及时开展重大水土流失事件应急监测、水土流失违法行为监测，全面提升水土保持监测的技术支撑作用。

5.2 主要任务

5.2.1 优化水土保持监测站点布局

按水利部水土保持监测要求，结合江苏省实际，在现有工作基础上，对全省水土保持监测站点进行优化布局与升级改造，提升标准化和信息化水平，规范监测技术行为，提高监测能力。完善监测数据整编、监测信息共享体系，提高监测数据分析与应用服务能力。

5.2.2 持续开展水土流失动态监测

实现对全省依法划定的水土流失严重地区、生态脆弱地区、陡坡耕地禁止开垦区以及水土流失重点防治区等重点或特定区域水土流失动态监测监管全覆盖，准确掌握水土流失类型、面积、强度、分布及其动态变化情况，及时发布江苏省水土保持公报。

5.2.3 适时开展全省水土保持普查

按照水土保持相关法律法规要求，结合江苏省需求，适时开展一次全省水土保持普查，全面掌握水土流失状况、水土流失危害、水土保持措施、水土保持效果等基础信息。

5.2.4 完善生产建设项目水土保持监测管理

制定江苏省生产建设项目监测实施管理办法，明确生产建设项目或区域的监测技术服务单位、监测设施设备配备、监测内容与指标、监测程序与频次、监测成果与报送等具体要求，全面推进水土保持监测成果“红黄绿”三色管理制度，完善生产建设项目水土保持监测管理体系。规范生产建设项目水土保持监测报告的报送与管理，依托省级水土保持监测与管理信息系统共享相关信息，提升监督检查效能。试点开展生产建设项目水土保持监督性监测。选择生产建设活动较集中和频繁、扰动地表和破坏植被面积较大、水土流失危害严重的区域，开展生产建设项目集中区水土保持监测工作。

5.3 重点项目

5.3.1 江苏省水土保持监测站点优化布局与升级改造工程

编制完成江苏省水土保持监测站点优化布局与升级改造方案，完成初步设计。按全面覆盖、功能完备、设施先进等建设要求，规划新建坡面径流场或小流域控制监测站点7个，提升改造16个，实现全域19个水土保持防治四级分区全覆盖；新增林下盖度站网，布设监测站点48个，新设一批沙土区流失机理研究等专用实验监测站点7个；推进现有监测站点标准化、现代化、信息化升级改造，完善设施配备，实现站点建设标准化、信息化和数据处理智能化，提升监测能力。实施监测站点精细化管理，细化监测内容与指标，规范工作程序，完善监测评价制度，定期发布监测年报。完善监测数据整编与信息共享体系，提高监测数据分析与应用服务能力。

专栏七　水土保持监测站点布局

水土保持监测站点包括坡面径流场、小流域控制站。其中，坡面径流场主要利用径流小区，监测坡度、坡长、土壤、降水等水土流失影响因子、水土流失状况、水土保持措施等。小流域控制站或水土保持综合试验站主要利用水位、流量、泥沙等观测设施设备，监测小流域径流泥沙状况，并监测小流域范围内地形地貌、植被、气象、土壤等水土流失影响因子以及水土流失状况、水土保持措施等。

2011 年，江苏省在“全国水土保持监测网络和信息系统建设二期工程”中建设了 3 个坡面径流场。2017 年，江苏省实施水土保持监测与管理信息系统工程，对新建或改造水土保持监测站点中的降雨、径流、土壤含水率、泥沙等要素开展监测。

5.3.2 水土流失动态监测

采用遥感监测、模型计算、调查与统计分析等方法，每年 1 次，持续开展全省水土流失动态监测，准确掌握省内水土流失严重、生态脆弱地区、25°以上陡坡耕地禁止开垦区、水土流失重点防治区等重点或特定区域的水土流失状况及其动态变化情况，监测内容主要包括土地利用情况、水土流失状况、生态环境状况、预防和治理措施实施效果等，综合评价水土流失与生态环境状况、水土保持措施及其防治效益。开展以县级行政区为单元的省级水土流失年度动态变化分析评价，深入挖掘分析监测成果，及时将监测成果应用到水土保持规划考核评估、水土保持目标责任考核、水土保持率、综合治理规划编制，以及包括水土流失重点防治区在内的重点或特定区域的动态监管等工作中，提升监测基础支撑能力。根据监测情况，发布年度江苏省水土保持公报，保障社会公众知情权、监督权与参与权，充分发挥水土保持监测工作在政府决策中的作用。

5.3.3 水土保持普查

规划期内，开展一次全省水土保持普查，主要普查内容包括水土流失状况、水土流失危害、水土保持措施、水土保持效果等。根据普查成果，适时发布普查公告，服务于全省水土保持、国民经济规划或宏观决策以及经济社会发展。

5.3.4 水土保持监测能力建设

按照精细化管理的要求，从管理任务、管理标准、管理流程、管理制度和绩效考核等方面，规范水土保持监测工作，保障水土保持监测站点持续、稳定运行。加强监测技术体系建设，包括标准体系、质量控制体系，制定监测设施设备维护、水土流失观测、数据整理报送、监测人员岗位职责、质量管理以及数据共享等管理制度。加强水土保持监测技术装备能力建设，提升信息化、现代化水平；强化人才培养与队伍建设，革新监测人才管理体制和用人机制，优化人才结构，重点培养骨干人才，形成一支人员数量充足、结构合理、技术精湛、精神奋发的专业化监测队伍。

制定应急监测预案，基于高分遥感、全息摄影和无人机遥测等技术手段，快速采集、实时传输水土流失事件的视频和图像等信息，及时开展重大水土流失事件应急监测，调查掌握水土流失灾害及其影响，提出意见和建议，为应急处理、减灾救灾和防治对策制定提供技术支撑。适时开展水土流失违法行为监测，鉴定违法事实，为及时消除水土流失隐患、避免水土流失危害、认定纠纷责任和监督执法提供依据。

5.3.5 生产建设项目集中区水土保持监测

每年选择 2～3 个生产建设活动较集中和频繁、扰动地表和破坏植被面积较大、水土流失危害严重的重点或典型区域，组织开展生产建设项目集中区水土保持监测，掌握生产建设项目分布、扰动情况及其变化，以及对区域生态环境影响及破坏程度等情况，为区域水土保持监管、违法违规项目查处等提供基础信息。

5.3.6 监测成果整编与挖掘应用

建立健全监测数据整编技术规定以及监测成果接收、归档、查询、备份等日常管理制度。系统整编监测点监测、水土流失动态监测、生产建设项目或集中区水土保持监测、水土保持重点工程效益监测等监测数据，形成系统完整的序列监测成果。提高监测成果应用水平，将监测成果充分应用到规划编制、监督管理、水土流失治理、政策制定、考核评估等水土保持工作中。深入挖掘分析水土保持监测成果，利用监测成果开展相关科学研究。

6

信息化建设与科技推广

按照“以水利信息化带动水利现代化”的发展思路，完善江苏省水土保持信息化建设，通过科学研究与推广，提高水土保持科技含量和技术水平。

6.1 主要目标

信息化建设目标：集成并研发集监测评价、监督管理、综合治理等于一体的江苏省水土保持信息系统和公共交流平台；完善基础数据库建设，初步实现水土保持核心业务信息化，形成“基础支撑、全面监管、各级协同、示范带动”的水土保持信息化体系。实现信息资源整合与共享，提高挖掘与信息应用水平。

科技推广目标：开展水土保持重大基础研究，推广应用先进技术，新建水土保持科技示范园 5 个，提高水土保持科技含量和技术水平。

6.2 主要任务

6.2.1 建设江苏省水土保持信息平台

开发、整合、集成并完善综合治理子系统、监督管理、监测评价，建成江苏省水土保持信息系统，实现与国家、流域管理机构和省、市、县五级水土保持互联互通，以及跨部门的共享与交换。

6.2.2 整编江苏省水土保持基础数据并建设数据库

完善水土保持基础数据整编、编目与入库管理，整合数据资源，建立与应用系统配套的基础数据库；完成历史数据入库和数据库年度更新；实现数据库对外发布、决策支持、挖掘分析、共享等信息化和现代化。

6.2.3 统筹推进“智慧水土保持”综合体系建设

全面深化信息采集与工程监控，建成多元化的智能信息采集与工程监控体系；拓展提升基础设施服务能力，建成集约化的基础支撑环境；强化信息资源服务化，建成统一的应用支撑服务平台；持续深化水土保持应用，完善水土保持应用系统；全面推进信息系统安全分级、等级保护，建立健全水土保持网络与信息安全体系；优化水土保持信息化保障环境，健全信息化保障体系。

6.2.4 开展水土保持重大基础研究与推广应用

围绕江苏省重大、关键或基础性水土流失技术问题，开展有针对性的科学研究；选择国内外成熟且先进的新技术、新方法和新成果，有针对性地推广应用，提高水土保持科技含量和技术水平。

6.2.5 稳步推进水土保持科技示范园建设

浓缩与汇合水土保持工作的经验和科研成果，组织构建集科技示范、科普推广、实验研究及技术交流于一体的现代化示范平台和寓教于乐的课堂，帮助青少年儿童及广大人民群众了解水土生态和人居环境。

6.3 重点项目

6.3.1 江苏省水土保持信息平台建设工程

基于监测点监测、水土流失动态监测以及气象、水文、地形地貌、植被、土地利用、水土保持措施等基础数据，初步构建水土流失预测预报系统，为水土流失防治宏观决策提供支撑。

完善生产建设项目水土保持信息平台与监管网络，重点开展数据采集、传输、储存、分析及成果应用的软硬件智能化升级改造，实现监管全流程信息化和社会服务信息化，建成智慧水土保持体系，提升监管能力现代化水平。

依托国家及省级水利信息网络资源，开发、整合、集成并完善各子系统，包括监测评价、监督管理、综合治理、预测预报等。进一步完善水土保持数据采集、传输、交换和发布系统，促进信息技术与水土保持业务的深度融合，建成江苏省水土保持信息系统。实现与国家、流域管理机构和省、市、县五级水土保持互联互通，以及跨部门的共享与交换。通过硬件优化更新与软件深化拓展，优化提升省级信息化平台，强化提升市级平台，细化提升县级平台。

建立健全信息系统运行维护体系，开展省级水土保持信息管理系统网络安全等级保护测评和定级，保障系统安全；开展系统的日常运行维护，保障系统正常、可靠、稳定运行；根据应用需要，适时开展水土保持信息管理系统的开发性维护，满足水土保持工作对系统提出的新的功能需求。同时，通过硬件配置优化、存储空间扩容，省级平台建设及市县成果应用、智能化遥感解译、计算、分析模块建设，实现水土保持管理全流程智能化与社会服务智能化，满足智慧水保建设需要。

6.3.2 江苏省水土保持基础数据整编与数据库建设

围绕江苏省水土保持核心业务，整编气象、水文、地形地貌、植被、土地利用、水土保持措施，全省域小流域划分成果，以及监测、动态监管、综合治理等基础数据，整合行业内外数据资源，完成数据编目。以支撑应用、业务协同、信息共享为目标，在全国水土保持数据库"一盘棋"的总体框架下，基于云服务等技术手段，完善涵盖基础地理、业务数据和元数据等方面的数据库，构建满足数据传输、验证、存储、分发和应用等信息共享环节的中间件，开发设计与应用系统配套的数据库，实现水土保持部门同级、上下级之间以及与其他行业的共享接口，全省横向治理成果上图共享，实现水土保持信息资源的顺畅交换、共享。开展数据库年度更新运行维护，构建完善的数据管理与数据库体系，实现数据库对外发布、决策支持、挖掘分析、共享等信息化、现代化和服务社会化。开发共享数据库及编制数据共享应用软件，拓展信息化平台数据深度挖掘、分析与共享功能；优化成果分析系统，提升成果应用系统。

6.3.3 智慧水土保持监督管理与综合治理信息系统建设工程

研发集桌面平台与移动平台于一体的生产建设项目——"天地一体化"监督管理系统，利用高分辨率遥感影像，开展年度的生产建设活动遥感调查，将生产建设项目防治责任范围和活动状况标注在系统图上，以便掌握生产建设项目动态状况。利用手持移动平台，融合日常监督检查行为，实时动态反映生产建设项目水土保持情况，利用平台进行数据管理与分析，即时上传和交换扰动范围动态监督、检查、整改落实等信息，将日常信息化监管过程纳入目标考核指标体系。

研发综合治理项目精细化管理信息系统。完成水土保持重点工程项目资料入库，将工程不同阶段的治理措施图斑标注在系统图上（如：设计阶段的设计图斑，验收阶段的竣工图斑等），开展以小流域为单元的水土流失综合治理图斑化、精细化管理。探索水土保持重点工程全过程信息化管理模式，提升重点工程的科学化、规范化和精细化管理水平。

配套建设内容主要包括:智慧水土保持云服务中心,智慧水土保持信息采集与工程监控,智慧水土保持网络与信息安全体系,智慧水土保持信息化保障体系,智慧水土保持预报、预警、预演、预案“四预”平台等。

6.3.4 水土保持科技示范园建设

按照水土保持科技示范园建设相关规定和技术标准要求,“十四五”期间,全省将不断推进水土保持科技示范园建设,示范并推动水土保持科技应用。

6.3.5 水土保持重大基础研究与应用推广

围绕江苏省重大、关键或基础性水土流失技术问题,以及江苏省水土保持业务与发展需求,“十四五”期间将重点开展智慧水土保持科技、平原沙土区水土流失规律及系统防治、水网地区水土流失特征及工程技术等应用的基础研究,开展江苏省水土保持地方性标准研制,推动水土保持科技创新。

围绕江苏地域特色的平原水网、三大沙土区水土流失防治、水土流失方程七因子相关研究、水土保持率细化分解研究、小流域治理优先级确定、宕口治理、植物措施竖向配置等水土保持核心业务开展基础研究,每年选择 1～2 项国内外成熟和先进的新技术、新方法或新成果,积极推广应用,实现水土保持科技成果转化,提高水土保持科技含量和技术水平。

7

投资匡算与实施安排

7.1 投资匡算

根据社会经济发展预测与水土保持新时期重大需求，本规划涉及重点工程12类，经初步估算，“十四五”期间全省水土保持总投资为77.96亿元。其中，水土保持专项经费投入合计12.09亿元，占总投资的15.51%；其他公共资金与社会资金投入共计65.87亿元，占总投资的84.49%。

投资结构为：水土流失治理76.12亿元；水土流失预防0.56亿元；水土保持监测0.68亿元；水土保持监管0.20亿元；水土保持信息化0.30亿元；水土保持科技研究0.10亿元。围绕减少水土流失、促进高质量绿色发展，重点工程投入水土流失综合防治，强化补短板投入水土保持监测、监管、信息化建设。投资匡算标准详见表7-1。

表7-1 全省重点工程投资标准统计表

工程名称	数量	投资标准
水保监管	/	400万/a
国家水保工程	1 000 km^2	100万元/km^2
生态清洁小流域	80个	1 500万元/个
新建监测站	7个	200万元/个
站点改造	16个	80万/个
站点运营维护	23个	约30万/(个·a)
动态监测	10.72万 km^2	200万/a
水保信息化	/	600万/a
科研	/	1 000万元(5a)
科技示范园	5个	1 100万元/个
生态河道	/	31.94亿元(生态修复投资)
生态灌区	大型生态灌区9处	1.93亿元(水生态保护投资)

7.2 实施安排

根据全省水土保持改革发展需要，本着年度投资基本均衡、符合投资需求、保证工程进度的原则，合理安排工程进度与资金。"十四五"期间，每年度安排投资约16亿元。年度资金安排计划详见附表6、7。

7.3 资金筹措

资金筹措渠道，主要通过水利发展资金（含水土保持专项资金）、相关部门专项资金以及部分社会资金筹措。

一是齐抓共管，加大水土保持公共财政投入。水土保持既是国家战略又是重大民生公共事业，涉及国土整治、林草防护、水土资源利用与生态环境保护等多个行业部门，需要统筹安排、加大公共财政投入、多部门齐抓共管，由公共资金重点引领，系统治理，综合防治水土流失。

二是积极探索，拓宽水土保持融资渠道。鼓励符合条件的地方政府融资平台，通过直接、间接融资方式，吸引社会资金参与水土保持工程建设、生态清洁小流域创建与开发。

三是引导发动，广泛吸引水土保持社会资金。通过民办公助、政府购买、委托管理等形式，鼓励企业、个人、社会团体等经济体参与水土保持事业。按照多干多补、多筹多补的原则，发动和组织人民群众参与水土保持生态文明建设。

7.4 预期效益

7.4.1 蓄水保土效益

根据"十四五"规划建设内容和措施量，按照《水土保持综合治理效益计算方法》（GB/T 15774—2008）估算，各项措施全部实施完毕并正常发挥效益后，新增年保土能力23万t，减少人为水土流失量600万t，增加蓄水保水效益1.1亿m^3，减少水土流失面积600 km^2，水土保持率达95%以上。规划近期工程实施的各项水土保持措施，构建了综合防护体系，不仅控制土壤侵蚀，保护土地资源，而且改变地表径流状况，削减洪峰，调节径流，提高防洪抗旱能力和雨水径流的利用效率。

7.4.2 生态效益

水土保持的各项措施实施后，可显著改善生态环境，具有显著生态环境效益。

能削减洪峰流量，减少洪水总量；能有效改善土壤理化性质，减少地表径流，增加土壤持水量，提高土壤氮、磷、钾和有机质含量，增加土壤肥力；减少水土流失，降低面源污染，改善水体水质；能改善治理区内湿度、温度、风力等小区气候条件，净化空气，提高农业产量，改善环境质量，有益于人民的身心健康；使林草覆盖率提高约2%，森林蓄水保土、涵养水源、美化环境等效益全面发挥，对于改善自然、气候条件，对农业的高产、稳产及人民生活环境的改观都起着不可替代的作用。

7.4.3 经济效益

水土保持措施直接经济效益是通过水土资源保护与保护性农业发展，将增产的粮食、果品、木材和枝条等作为商品出售，或转化成商品出售产生的经济效益。实施坡耕地改造后，可增强水源涵养能力，减少水土流失，改善土壤养分，提高农作物单产。据统计，坡耕地改造之后较改造之前，粮食单产增加约30%，可产生直接经济效益。水土保持林所产生的直接经济效益主要为林木增产的枝条和木材蓄积量，经济林产生的直接经济效益主要为果品产生的经济效益。

7.4.4 社会效益

水土保持社会效益包括减轻自然灾害和促进社会进步所带来的效益。提高防灾减灾能力，保护公共安全。规划实施后各项水土保持措施蓄水保土效益的稳步发挥，将减少江河湖库的泥沙淤积，提高水利工程的防洪减灾能力，有效减轻洪涝、干旱、滑坡、崩塌(岸)等自然灾害危害，对保护农田、基础设施和人民群众生命财产安全起到积极作用；可形成综合自然灾害防护体系，从而能有效减轻水土流失对土地的破坏；减轻泥沙对河流、塘、库的淤积，减轻洪水的危害；减轻滑坡危害；减轻局部干旱对农业生产的威胁；保护和改良耕地，提高农民收入。规划通过开展坡改梯建设，可保护和改善耕地，土地质量不断提高，农业生产条件得到极大改善，为农业增产、农民增收创造有利条件。通过水土保持综合治理，能有效改善农业生产条件，为建设高产、优质、高效的生态农业奠定基础；通过土地利用结构的合理调整，提高农业总产值和农民人均纯收入。改善农村环境，建设美丽乡村。规划通过加强自然修复，实施封育保护，恢复林草植被，建设秀美山川，改善村容村貌，助推生态旅游和乡村振兴的发展。

7.5 风险评估

7.5.1 风险识别

本规划实施过程中，可能存在的风险：(1)群众支持的风险。水土流失严重地区社会经济发展速度较为缓慢，居民迫切需要改善生产生活和基础设施等基本条件，虽然本规划的实施可以改善当地基础设施条件，提供发展生产和提高生活水平的机遇，但如果在实施过程中与居民没有充分沟通和交流，容易发生不必要的误会和误解，从而出现群众由支持变为阻碍水土保持治理的情况。(2)政策风险。在信息共享方面，需要制定政策法规进一步明确共享水土保持数据的范围以及用户使用权限等，才能实现信息共享。(3)技术风险。水土保持监测站点建设过程中，虽然坡面径流场和控制站建设已趋于成熟，但由于主要在丘陵山区开展建设，地形复杂，建设时会存在一定的风险；计算机与通信技术日新月异，未来公用信道变换、升级及改造将会给工程运行带来技术风险。(4)资金风险。由于水土保持预防、治理工程点多、面广，治理过程中具体承建单位众多，在资金使用和管理上也存在风险。(5)涉密信息管理风险。按照目前水利涉密数据规定，水土保持信息尚未列入涉密信息，但随着时间推移，一部分信息有可能列为涉密信息，目前在信息服务系统构架与建设中，尚未考虑到这一点，存在着涉密信息安全管理风险。(6)人员与管理风险。由于现有水土保持专业人员有限，给规划实施带来一定风险。规划实施涉及全省丘陵山区和平原沙土区的重点治理区，单项工程繁多，建设任务和管理任务重，能否确保施工质量、进度等，存在着一定风险。

7.5.2 风险防范和化解措施

根据规划实施过程中可能出现的不稳定性因素，为了从源头上化解矛盾，研究制定主要化解措施方案如下：(1)鼓励群众参与水土流失综合治理，积极做好正面宣传和协调沟通工作，切实解决群众关心的问题，为地方提供更多的就业机会，提高居民经济收入。(2)研究并制定相应的政策法规，明确水土保持信息共享的范围以及用户使用权限等。(3)工程建设过程中严格监管，更新技术，选择合适的通信方式(如网络、无线等)，选择最可靠的通道(如公网 SDH 等)和新型稳定设备，加强技术协调，特别是数据格式和数据库表结构与标识符的协调与统一，以规避技术风险。(4)规范项目管理、经费申请和审计流程。(5)针对涉密信息，根据相关法律法规，采取措施，增加有关设备，进行严格物理隔离。(6)加强人员技术培训和实地考察学习，从而规避缺乏专业人员带来的风险。在项目管理上，通过借鉴已建成的项目管理经验，制定相应的管理办法，明确各建设单位的职责、权限，在一定的约束条件下，充分调动各建设单位的主观能动性和创造性，增强责任意识，并建立相应的项目检查或督察制度，从而规避管理风险。

8

保障措施

8.1 强化组织领导

深入贯彻落实《江苏省水土保持条例》，全面加强各级人民政府对水土保持工作的组织领导、监管督查责任。建立由政府领导牵头，水利、发改、财政、督查、自然资源、农业农村、生态环境、住建、生态文明办等部门参加的组织协调机构，健全部门协同配合、各负其责的工作机制。本规划目标任务层层分解，纳入各级政府综合决策、总体规划和责任考核体系，由市、县级人民政府编制相应规划并纳入本级国民经济和社会发展规划。各级人民政府统筹协调有关部门，开展生态清洁小流域、生态河道以及生态灌区建设，做好坡耕地治理、宕口治理以及林草防护等相关工作，整合项目与资金，提高投资效益。各级政府有关部门要按照职责分工，各司其职、强化责任、加强沟通、通力合作，重点做好省级水土流失重点预防区和重点治理区的综合防治，抓好任务落实，严格监督管理。

8.2 落实资金保障

强化水土流失系统治理工程基础性、公益性与民生性，以及在生态文明建设、绿色高质量发展、乡村振兴战略实施中的重要地位，突出政府主导，切实把水土保持重点工程作为公共财政投入有效保障流域，进一步增加财政投入，用足、用好水土保持补偿资金。强化财政投入的撬动作用，多方筹集资金。采用以奖代补、先建后补、生态补偿等多种形式，用好财政资金，建立多元投入机制。

8.3 提升能力建设

围绕规范行政管理、提升监督能力、提高执法质量和效率，优化提升全省水土保持管理决策系统，提供水土保持管理能力保障。按照新形势新要求，修订《江苏省水土保持条例》，补充完善水土保持监管制度、办法及政策，提高水土保持依法行政的法规政策保障能力。通过理顺全省水土保持系统，加强人员培训，充实全省水土保持系统人才队伍，提供水土保持人才能力保障。

8.4 注重科技引领

各级政府要重视水土保持科技工作，秉持以科技引领水土保持工作的理念，支持水土保持技术发展和“产学研”体系建设，强化技术培训和人才培养，围绕水土流失机理、水土流失防控原理、水土流失动态监测技术、信息化技术等方面的研究，组织科技攻关，支持科技创新，加强成果转化应用。不断加大水土保持科技投入力度，在水土保持项目经费中，确定一定比例的资金用于技术示范与推广，创建水土保持标准化科技示范园区，提升水土流失综合防治的科技含量和水平。加强交流与合作，引进和推广国内外先进技术。

8.5 完善体制机制

建立健全评估考核、服务机构信用管理、水土保持队伍建设与管理、监测站网建设与管理、水土保持工程后评估、部门联动协作、补偿费征收管理、生态补偿等方面的制度机制。制定规划实施考核办法，建立规划实施评估年度考核制度与激励机制，将水土保持工作纳入年度工作考核内容。政府部门制定并发布实施水土保持服务机构诚信评价制度与办法，纳入水土保持监督机制，引入第三方开展服务机构诚信评价，评价结果作为推荐与选用水土保持服务机构的重要依据。通过优化调整人才结构、岗位业务培训等多措并举，加强全省水土保持系统人才队伍能力建设。通过上下交流、行政事业轮岗、政企互派等多种形式，创新水土保持队伍建设与管理机制体制。通过政府服务外包等形式，引入或委派第三方专业服务机构开展水土保持工程后评估，创新水土保持工程后评估机制，以奖代补，奖惩结合，终身追究，确保水保工程质量效益和持续功效。设立水土保持生态补偿专项资金，制定管理办法，建立生态补偿机制。修订完善《江苏省水土保持补偿费征收使用管理办法》，创新水土保持补偿费征收管理机制与制度，落实“放管服”，做到应收尽收、专款专用，确保补偿费用于水土流失防治。

8.6 加强宣传教育

各级政府以及有关部门应当加强水土保持宣传教育工作，统筹安排，精心策划，创新方式，充分发挥新闻媒体作用，力争水土保持宣传进党校、进校园、进媒体、进社区、进企业，在全社会范围内普及水土保持科学知识，营造良好的水土保持生态建设氛围。各地区要充分依托已有的水土保持科技示范园和水土保持示范工程，发挥示范基地的宣传辐射带动作用。要继续做好示范园和示范工程创建工作，搭建高标准水土保持宣传教育阵地，为社会提供更多的宣传教育窗口。加强与教育部门的合作，培养青少年树立水土保持意识。加大水土保持门户网站建设力度，加强新闻报道和信息推送工作。

附　表

附表 1　江苏省社会经济状况统计表(2019)

地市名称	土地面积(万 km^2)	辖区		常住人口(万人)	生产总值(亿元)
		街道(个)	村(个)		
南京	0.66	94	282	850.00	14 030.15
无锡	0.46	53	637	659.15	11 852.32
徐州	1.18	68	2 037	882.56	7 151.35
常州	0.44	25	628	473.60	7 400.86
苏州	0.87	42	1 016	1 074.99	19 235.80
南通	1.05	38	1 296	731.80	9 383.39
连云港	0.76	30	1 423	451.10	3 139.29
淮安	1.00	38	1 421	493.26	3 871.21
盐城	1.69	30	1 805	720.89	5 702.26
扬州	0.66	16	1 013	454.90	5 850.08
镇江	0.38	25	489	320.35	4 127.32
泰州	0.58	23	1 262	463.61	5 133.36
宿迁	0.85	21	893	493.79	3 099.23
全省合计	10.72	503	14 202	8 070.00	99 976.62

附表 2　江苏省近五年建设用地供应情况统计表

单位：万亩

年　度	供应总量	新增量	盘活存量
2015	60.88	31.87	29.01
2016	55.01	27.97	27.04
2017	61.19	27.70	33.49
2018	73.91	29.39	44.52
2019	60.48	24.24	36.24

附表 3　江苏省水土流失状况统计表

单位：km^2

地市名称	2018 年水土流失面积	2019 年水土流失面积					
		合计	轻度侵蚀	中度侵蚀	强烈侵蚀	极强烈侵蚀	剧烈侵蚀
南京	386.13	348.82	261.90	53.62	14.64	12.67	5.99
无锡	134.39	116.50	94.48	14.33	4.66	2.74	0.29
徐州	430.78	429.50	370.82	37.26	10.34	5.60	5.48
常州	184.00	193.79	139.19	25.04	8.05	9.72	11.79
苏州	15.68	19.58	16.76	1.67	0.54	0.50	0.11
南通	0.00	5.85	5.26	0.39	0.10	0.10	0.00
连云港	440.37	426.59	397.86	21.29	5.76	1.65	0.03
淮安	241.82	245.80	188.60	42.27	10.41	4.37	0.15
盐城	0.00	27.97	23.79	1.69	0.97	1.52	0.00
扬州	38.27	34.58	26.37	5.45	1.29	1.30	0.17
镇江	165.82	158.02	123.86	13.33	6.85	6.36	7.62
泰州	0.00	0.97	0.79	0.18	0.00	0.00	0.00
宿迁	252.92	253.04	238.85	12.18	1.35	0.61	0.05
全省合计	2 290.18	2 261.01	1 888.53	228.70	64.96	47.14	31.68

附表 4　江苏省“十三五”期间水土保持目标任务完成情况统计表

目标任务		完成情况
防治体系	初步建成	已建成较完善的防治体系
监测网络体系	初步建成	已建成较完善的监测网络体系
监管体系	初步建成	已建成较完善的监管体系
生态清洁小流域建设	初步成果	建成 113 个生态清洁小流域
综合治理规模(km^2)	2 700	2 800
重点预防规模(km^2)	2 866	2 900
山丘区综合治理率(%)	85	88
平原沙土区综合治理率(%)	40	44
年均减少水土流失量(万 t)	20	22

附表 5 江苏省水土保持小流域划分结果统计表

地市名称	小流域面积(km^2)		所在区域量(个)		合计(个)
	30～50	＞50	丘陵区	平原区	
常州	39	2	62	151	213
淮安	127	11	88	268	356
连云港	59	2	116	271	387
南京	21	20	315	19	334
南通	150	9	0	306	306
苏州	108	8	12	216	228
泰州	98	3	0	184	184
无锡	57	3	30	129	159
宿迁	130	5	45	207	252
徐州	162	2	92	329	421
盐城	193	6	0	640	640
扬州	101	4	54	170	224
镇江	28	0	146	59	205
全省合计	1 273	75	960	2 949	3 909

附表 6　江苏省水土保持“十四五”期间重点工程投资估算表

序号	类别	工程		投资估算(亿元)	资金来源
1	防治	综合防治工程	国家水保重点工程	10.00	水土保持专项经费
2			坡耕地治理	0.25	水土保持专项经费
3			科技示范园	0.55	水土保持专项经费
4			禁垦区划分	0.01	水土保持专项经费
5		生态清洁小流域建设工程		12.00	水土保持补偿费和社会资金
6		专项治理工程	宕口治理	10.00	自然资源部门专项资金
7			林草防护	10.00	林业部门专项资金
8			生态河道	31.94	省水利专项资金
9			大型生态灌区	1.93	省水利专项资金
10	监测	站点监测工程	站点新建	0.12	水土保持专项经费
11			站点改造	0.13	水土保持专项经费
12			站点运营维护	0.33	水土保持专项经费
13		动态监测工程		0.10	水土保持专项经费
14	监管	区域监管、治理项目监管、生产建设项目及活动监管工程		0.20	水土保持专项经费
15	信息化	系统升级、软件维护和硬件存储空间扩容工程		0.30	水土保持专项经费
16	科研	水土保持核心工作基础研究		0.10	水土保持专项经费
合计				77.96	

备注:其中水土保持专项经费共计 12.09 亿元,其他公共资金与社会资金共计 65.87 亿元。

附表 7　江苏省水土保持“十四五”期间重点工程数量分年度计划表

序号	类别	重点工程		“十四五”期间	分年度工程量计划安排				
					2021	2022	2023	2024	2025
1	防治	综合防治	国家水保重点工程(km^2)	1 000	200	200	200	200	200
2			坡耕地治理(万亩)	2.5	0.5	0.5	0.5	0.5	0.5
3			科技示范园(个)	5	1	1	1	1	1
4			禁垦区划分(个)	50	10	10	10	10	10
5		生态清洁小流域建设工程(个)		80	16	16	16	16	16
6		专项治理	宕口治理(个)	50	10	10	10	10	10
7			林草防护(万亩)	50	10	10	10	10	10
8			生态河道(条)	1 500	300	300	300	300	300
9			大型生态灌区(处)	9	2	2	2	2	1
10	监测	站点监测	新建站点(个)	7	1～2	1～2	1～2	1～2	1～2
11			改造站点(个)	16	4	4	4	4	0
12			运营维护站点(个)	23	23	23	23	23	23
13		动态监测工程(%)		100	20	20	20	20	20
14	监管	区域监管、项目监管(%)		100	20	20	20	20	20
15	信息化	系统升级软件维护硬件存储扩容工程(%)		100	20	20	20	20	20

附表8　江苏省水土保持“十四五”期间重点工程投资分年度计划表

单位:亿元

序号	类别	重点工程		总投资	年度投资计划安排				
					2021	2022	2023	2024	2025
1	防治	综合防治工程	国家重点工程	10.00	2.00	2.00	2.00	2.00	2.00
2			坡耕地治理	0.25	0.05	0.05	0.05	0.05	0.05
3			科技示范园	0.55	0.11	0.11	0.11	0.11	0.11
4			禁垦区划分	0.01	0.002	0.002	0.002	0.002	0.002
5		生态清洁小流域建设工程		12.00	2.40	2.40	2.40	2.40	2.40
6		专项治理工程	宕口治理	10.00	2.00	2.00	2.00	2.00	2.00
7			林草防护	10.00	2.00	2.00	2.00	2.00	2.00
8			生态河道	31.94	6.39	6.39	6.39	6.39	6.39
9			大型生态灌区	1.93	0.39	0.39	0.39	0.38	0.38
10	监测	站点监测工程	新建站点	0.12	0.024	0.024	0.024	0.024	0.024
11			改造站点	0.13	0.032	0.032	0.032	0.032	0.00
12			站点运营维护	0.33	0.066	0.066	0.066	0.066	0.066
13		动态监测工程		0.10	0.02	0.02	0.02	0.02	0.02
14	监管	区域监管、项目监管、生产活动监管		0.20	0.04	0.04	0.04	0.04	0.04
15	信息化	系统升级、软件维护和硬件存储空间扩容工程		0.30	0.06	0.06	0.06	0.06	0.06
16	科研	水土保持核心工作基础研究		0.10	0.02	0.02	0.02	0.02	0.02
合计				77.96	15.60	15.60	15.60	15.59	15.56

备注:其中水土保持专项经费共计12.09亿元,其他公共资金与社会资金共计65.87亿元。

附　图

附图 1　江苏省政区图

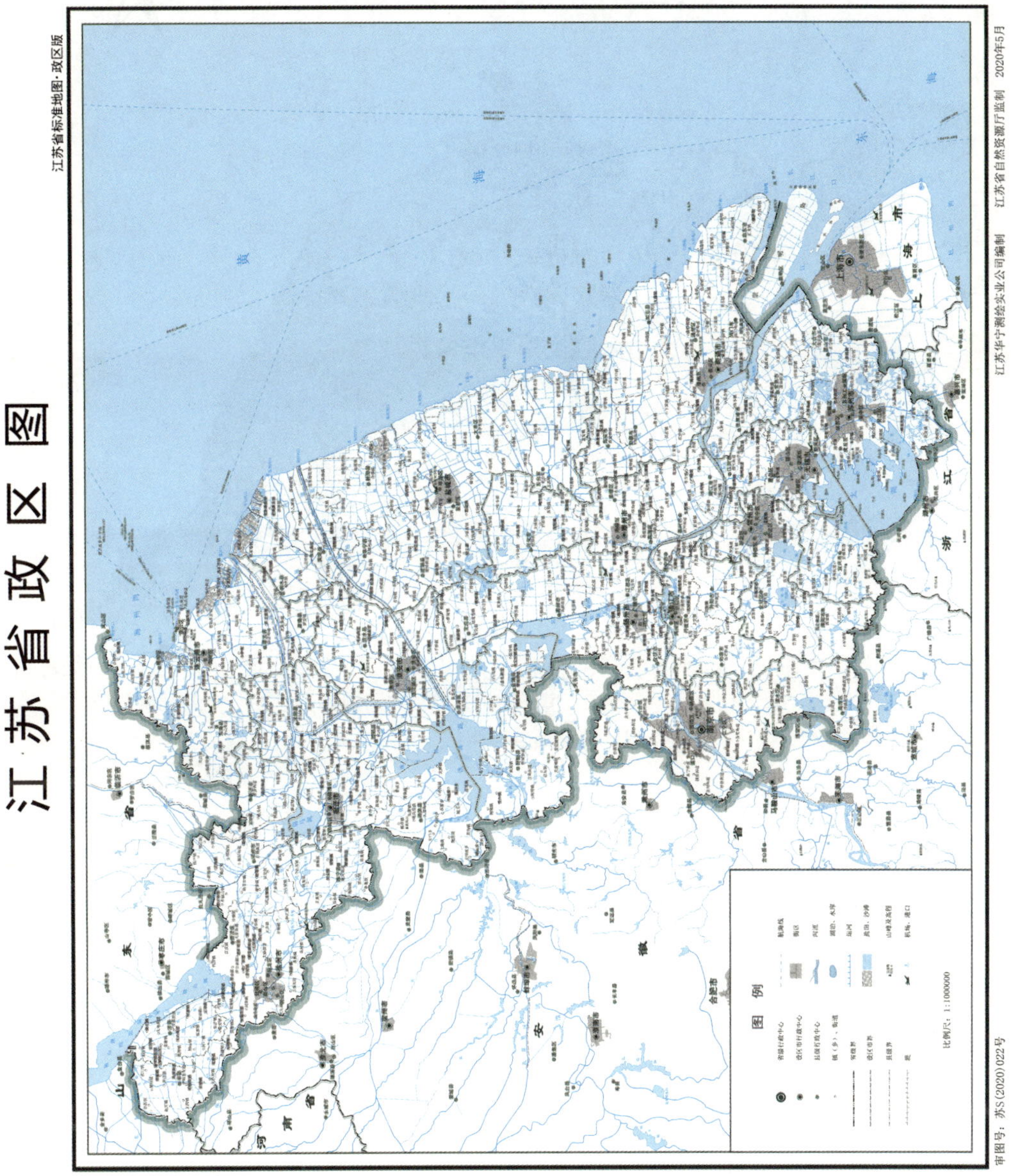
江苏省政区图
江苏省标准地图·政区版
审图号：苏S(2020)022号
江苏华宁测绘实业公司编制
江苏省自然资源厅监制　2020年5月
图例
比例尺　1:1000000

附图 2　江苏省水土保持三级区划图

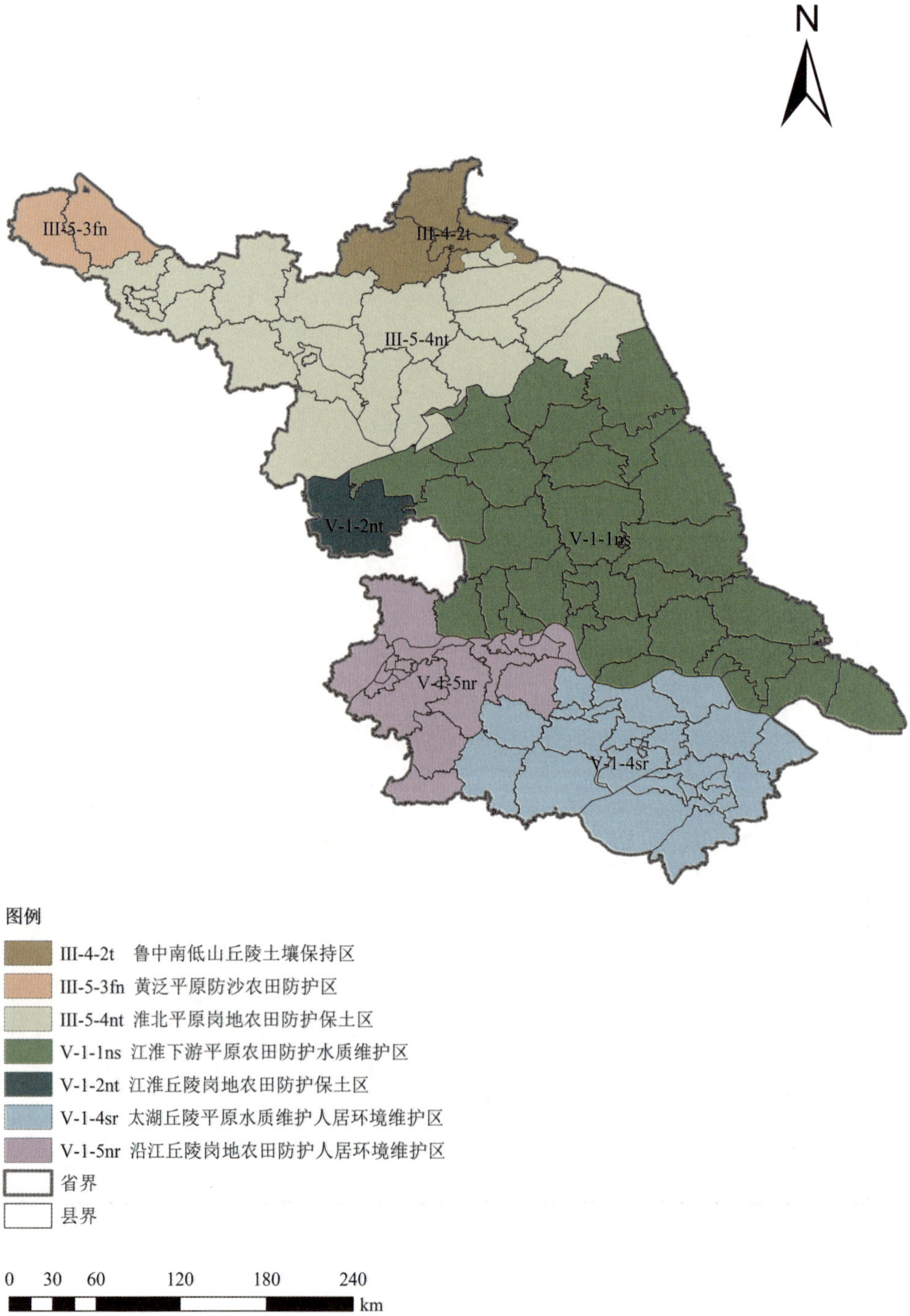

附图 3　江苏省水土保持四级区划图

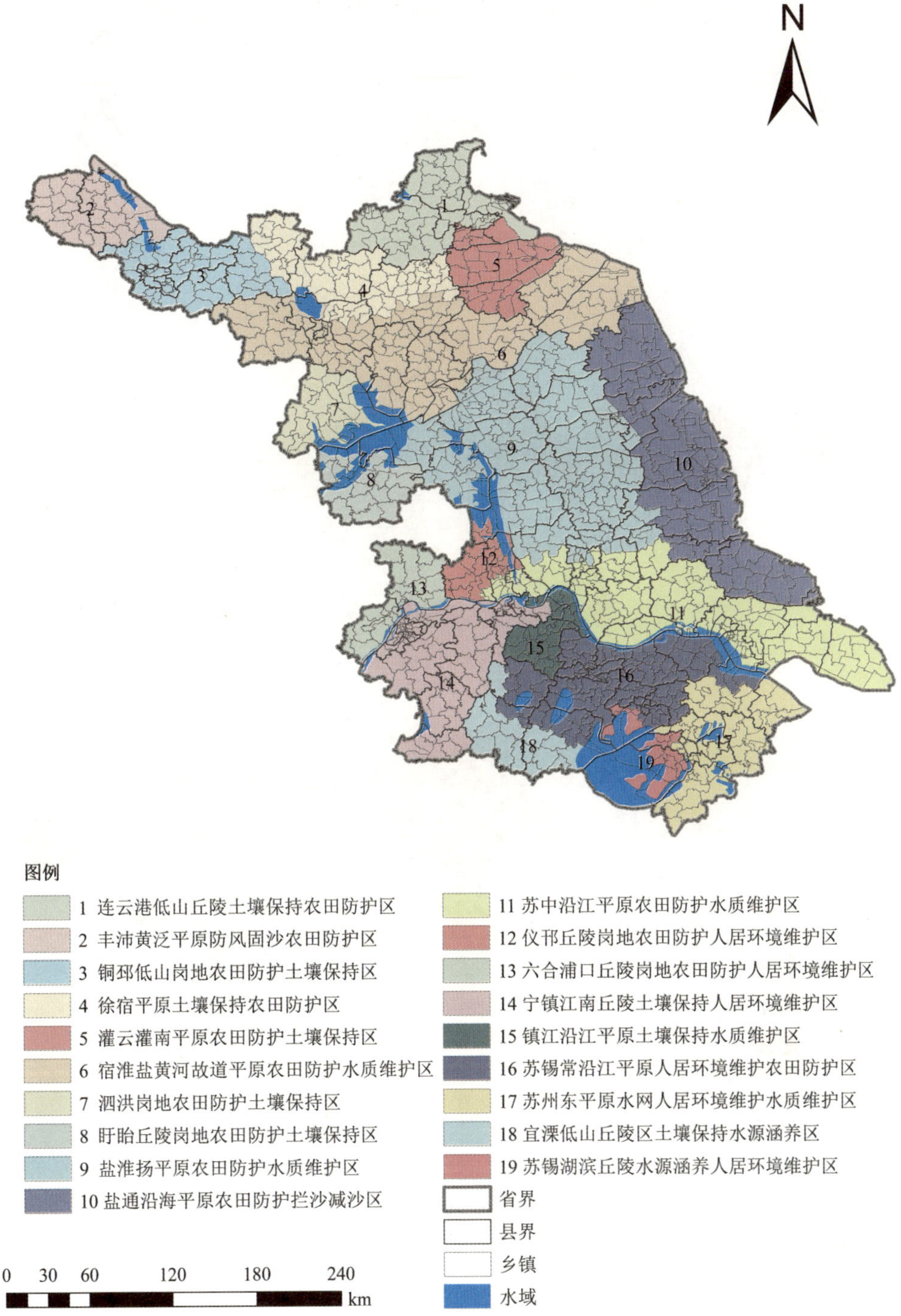

附图 4　江苏省水土流失重点防治区和预防区图

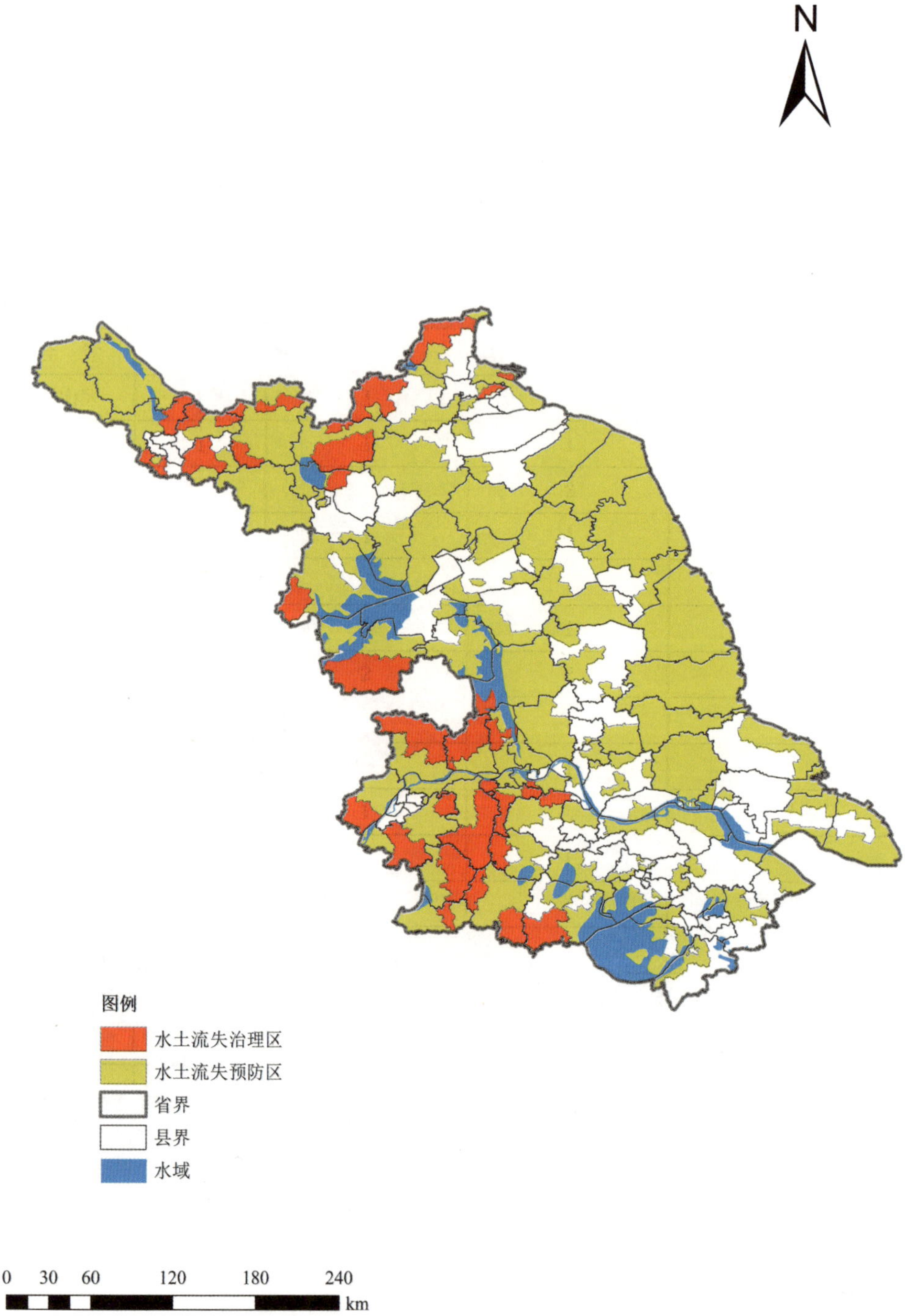

附图 5　江苏省水土流失易发区分布图

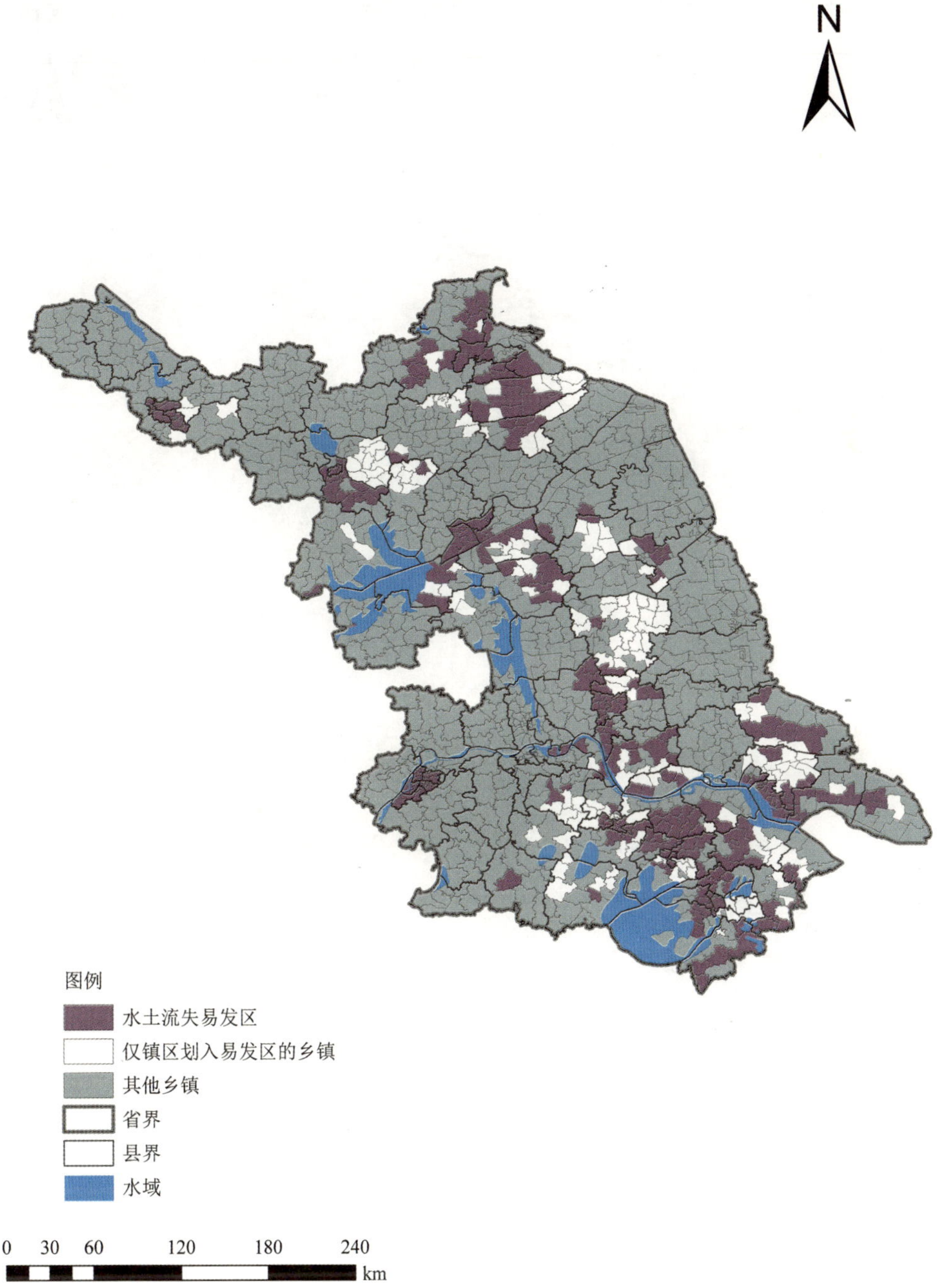

附图 6　江苏省土壤侵蚀强度分布图(2019)

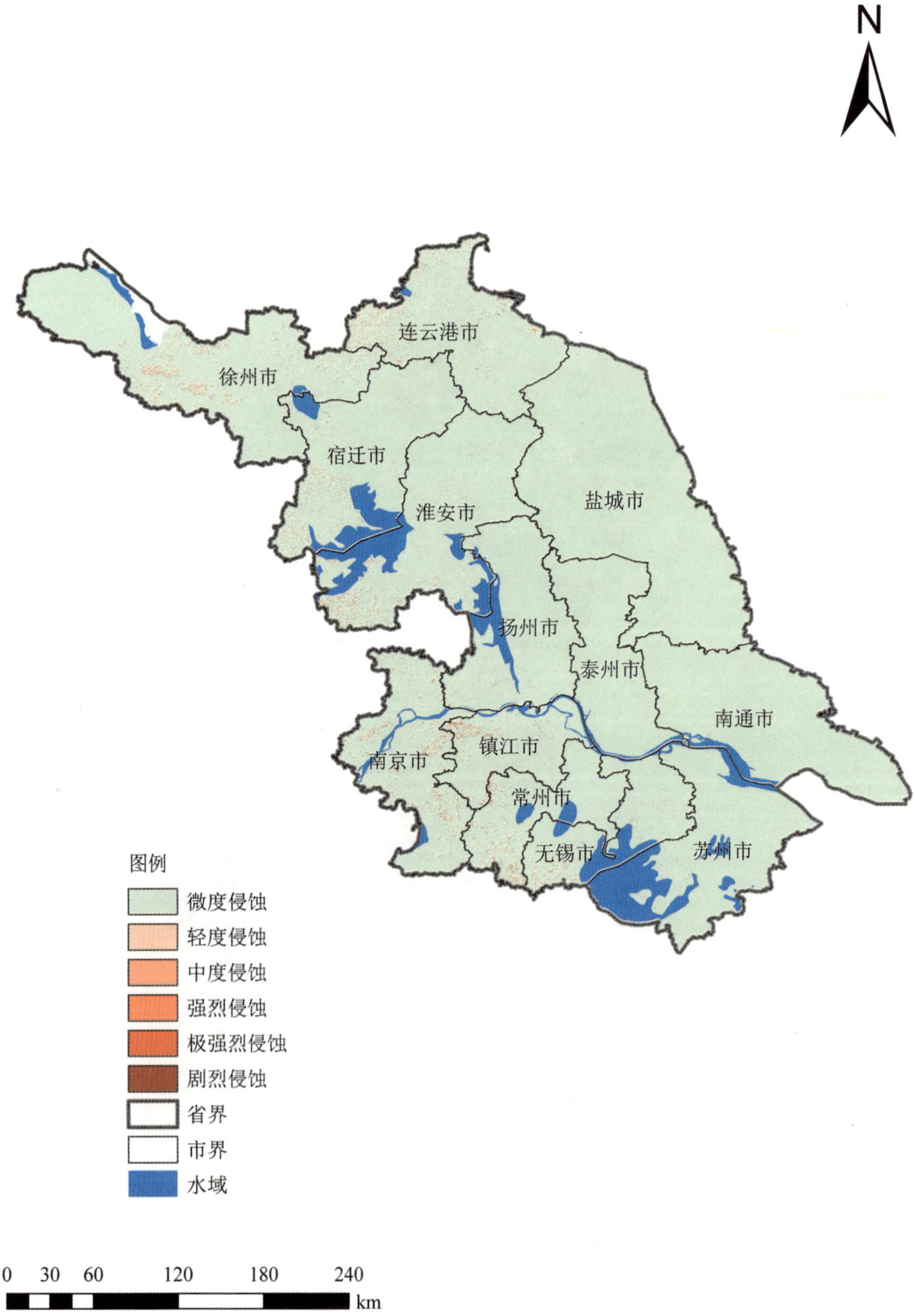

附图 7　江苏省水土保持监测站网分布图

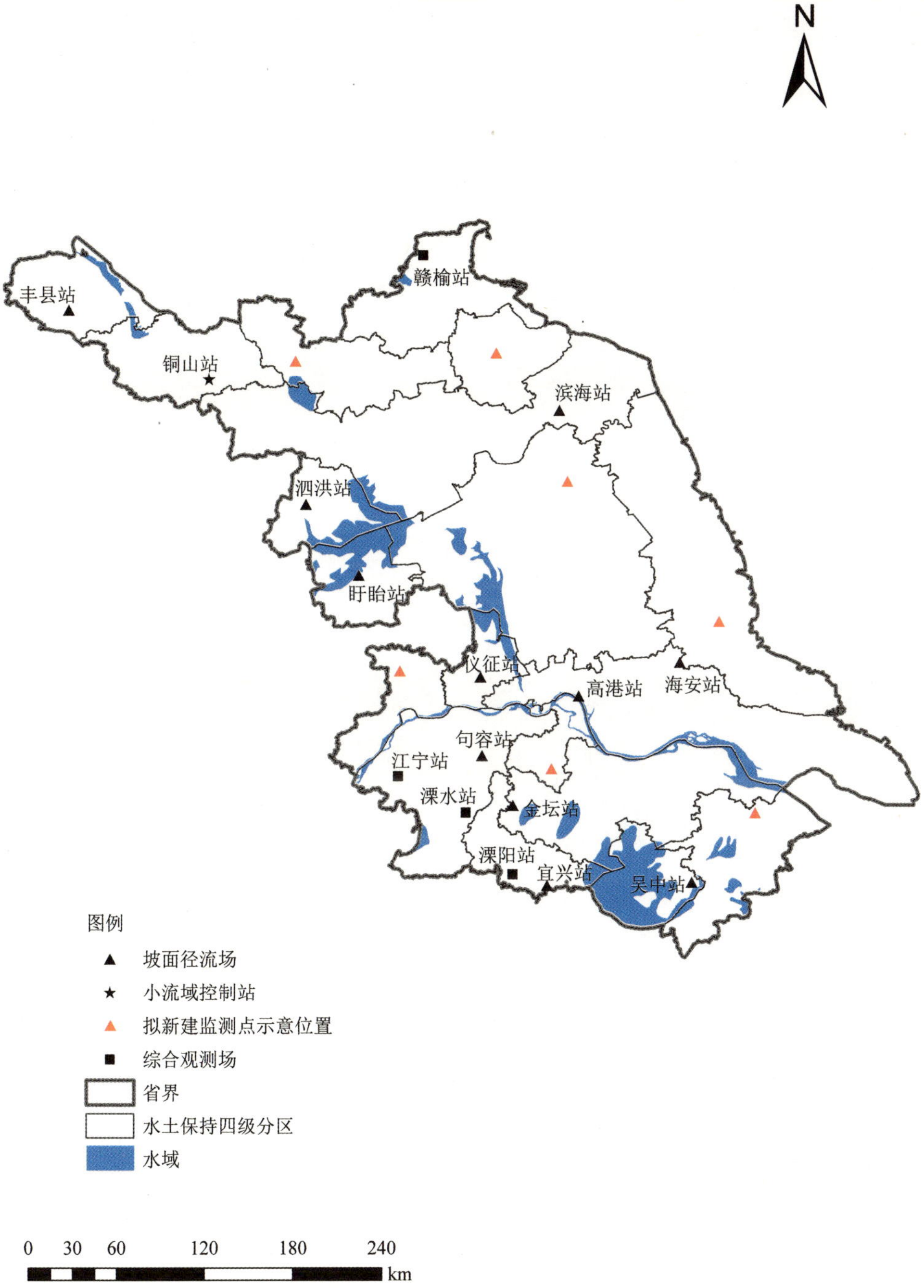

后记

本书共有 8 个章节，具体编写分工为：全书的体例结构及统稿工作由叶健负责；前言、第 1 章由沈建强负责编写；第 2 章由郭红丽、杨逸辉负责编写；第 3 章由杨逸辉、郭红丽负责编写；第 4 章由郭红丽、杨逸辉负责编写；第 5 章由郭红丽、吴芳负责编写；第 6 章由郭红丽、谈浩负责编写；第 7 章由谈浩、吴芳负责编写；第 8 章由杨逸辉、汤建熙负责编写；附表由郭红丽、杨逸辉、谈浩、张雪负责编写；附图由李盟、郭红丽、杨逸辉、张嫱负责完成。相关市县水利部门及科研院所参与了编写工作。